Rajan Kumar

Análise Óptima e Construção de um Controlador de Porta Computadorizado

Rajan Kumar

Análise Óptima e Construção de um Controlador de Porta Computadorizado

Conceitos básicos, procedimento

ScienciaScripts

Imprint

Cover image: www.ingimage.com

This book is a translation from the original published under ISBN 978-620-2-01462-5.

Publisher:
Sciencia Scripts
is a trademark of
Dodo Books Indian Ocean Ltd. and OmniScriptum S.R.L publishing group

120 High Road, East Finchley, London, N2 9ED, United Kingdom
Str. Armeneasca 28/1, office 1, Chisinau MD-2012, Republic of Moldova, Europe
Printed at: see last page
ISBN: 978-620-7-69212-5

ÍNDICE

RECONHECIMENTO

Ultrapassamos todas as barreiras das palavras escritas para expressar o nosso profundo sentimento de gratidão ao reverendo Dr. R. K. Vats (Diretor) por nos ter dado a oportunidade de apresentar este relatório na sua famosa organização. Não há palavras para expressar a nossa gratidão para com ele.

Expressamos sinceramente os nossos agradecimentos com um profundo sentido de gratidão ao Er. N. K. Vats, Diretor do Departamento de Engenharia Mecânica, pelo constante encorajamento, orientação inestimável e toda a ajuda possível, que será uma grande inspiração para nós ao longo da nossa vida.

Gostaríamos de transmitir os nossos profundos agradecimentos ao Er. R. D. Tyagi, Professor Assistente, um professor e um guia, sem cuja cooperação e ajuda não teria sido possível concluir esta formação com êxito.

O nosso reconhecimento não estaria completo sem a menção de todos os membros do pessoal do departamento, que direta ou indiretamente nos ajudaram muito durante o curso de formação. Nunca poderemos expressar os nossos sentimentos aos nossos pais, irmãos, irmãs e amigos que nos ajudaram em cada tarefa do nosso trabalho e nos deram um forte apoio emocional. Dedicamos tudo o que conseguimos e alcançámos à gratidão da mão invisível de Deus.

DEDICAÇÃO

Qualquer trabalho exigente requer esforços próprios, bem como a orientação dos mais velhos, especialmente
daqueles que nos são muito próximos.

Aprendi com a minha mãe,

"Onde há vontade, há um caminho".

Aprendi com o meu pai,
"Faz sempre o melhor trabalho; a tua reputação vale mais do que um lucro rápido."

O meu humilde esforço dedico-o à minha querida e amada

Sr. Naresh Kumar Tyagi

Sra. Babita Tyagi

(PAIS QUERIDOS)

ANÁLISE ÓPTIMA E CONSTRUÇÃO DE UM CONTROLADOR DE PORTA COMPUTORIZADO

1. INTRODUÇÃO

As portas automáticas utilizam vários métodos automatizados para abrir e fechar, consoante a sua utilização e colocação. Estes métodos requerem normalmente um mecanismo de sensor em ambos os lados da porta e, por vezes, incluem um sensor secundário para segurança.

As portas com activadores de sensores de pressão (micro-interruptores) têm uma grande almofada colocada à frente da abertura. A almofada funciona como uma balança, detectando a quantidade de peso colocada sobre a almofada num determinado momento. Quando o tapete detecta um peso suficientemente pesado para representar uma pessoa, a porta abre-se. Uma vez que o tapete também reconhece quando uma pessoa sai do tapete, o mesmo mecanismo pode manter a porta aberta e fechá-la. Os sensores de pressão também são utilizados como mecanismo de segurança, como os que revestem a parte inferior de certas portas. Se a porta começar a fechar-se sobre um objeto resistente, os sensores avisam a porta para se abrir.

NECESSIDADE DE PORTA AUTOMÁTICA

Como resultado do avanço da civilização e da modernização, a natureza humana exige mais conforto para a sua vida. O homem procura formas de fazer as coisas com facilidade e que lhe permitam poupar tempo. Assim, os portões automáticos são um dos exemplos que a natureza humana inventa para trazer conforto e facilidade à sua vida quotidiana.

2. REQUISITOS DE HARDWARE

1 Microcontrolador 89s52

2 Oscilador de cristal

3 Resistência

4 Condensador

5 Conectores

6 Buzina

7 Ecrã numérico funcional

8 Sensor de pressão

9 Transístor

10 Led

11 Motor

3. OBJECTIVO DO PROJECTO

O objetivo do projeto é conceber um sistema em que, assim que uma pessoa sai de casa, o sensor de pressão detecta a pessoa e abre a porta e, em seguida, o sensor de pressão volta a detetar e fecha a porta.

Neste trabalho de projeto, tentamos construir um modelo pequeno e simples de um sistema automático de portas de correr, que utiliza um sensor, uma unidade de controlo e uma unidade de acionamento para abrir e fechar portas na entrada de um edifício público. O objetivo principal deste projeto é aprender em pormenor como funciona o sistema automático de portas e compreender os conceitos envolvidos. O objetivo secundário é fabricar um modelo de circuito simples para mostrar como o sistema funciona. As principais actividades envolvidas neste projeto são a pesquisa sobre o funcionamento da porta automática, o esboço de um circuito detalhado das portas, a programação e o fabrico do circuito. Conseguimos aprender muito com este projeto, como o trabalho em equipa, a inovação e os conceitos ensinados nas aulas num objeto prático.

4. DIAGRAMA DE BLOCOS DO DISPOSITIVO DE ABERTURA DE PORTAS

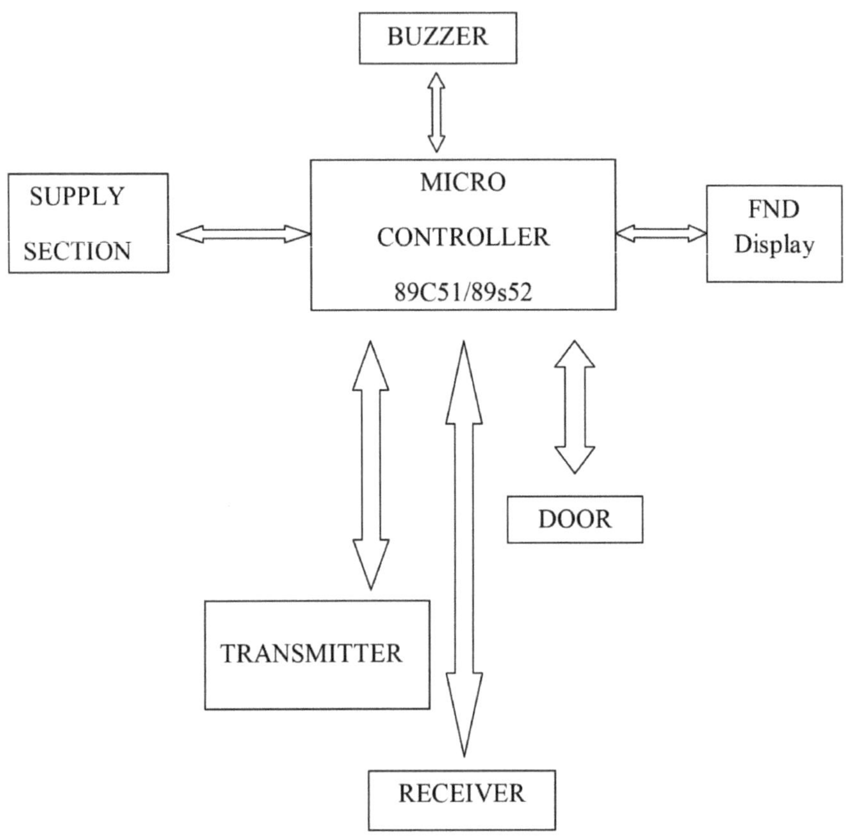

5. FUNCIONAMENTO DO PROJECTO

O primeiro passo em qualquer projeto integrado é conceber o hardware adequado, pelo que, em primeiro lugar, concebemos a fonte de alimentação DC regulada de +5v para o microcontrolador, uma vez que o controlador recebe uma alimentação de +5 v, após as ligações necessárias do microcontrolador, como a ligação do oscilador de cristal para o relógio e a secção de reinicialização para reiniciar o controlador sempre que a alimentação é ligada.

Depois, temos 32 pinos de E/S a partir dos quais podemos configurar qualquer pino como saída ou entrada. Estamos a utilizar dois sensores de pressão para detetar as pessoas, um para o interior e outro para o exterior. Sempre que uma pessoa sai de casa, o sensor de pressão detecta a pessoa e liga o motor numa direção, abrindo automaticamente a porta. Depois de qualquer pessoa passar pela porta, o segundo sensor de pressão detecta-a e, mais uma vez, o motor arranca noutra direção, o que faz com que a porta se feche automaticamente.

Este sistema de abertura automática de portas detecta o peso do ser humano e abre a porta depois de a atravessar. O segundo sensor detecta o peso e a porta fecha-se.

6. DIAGRAMA DO CIRCUITO

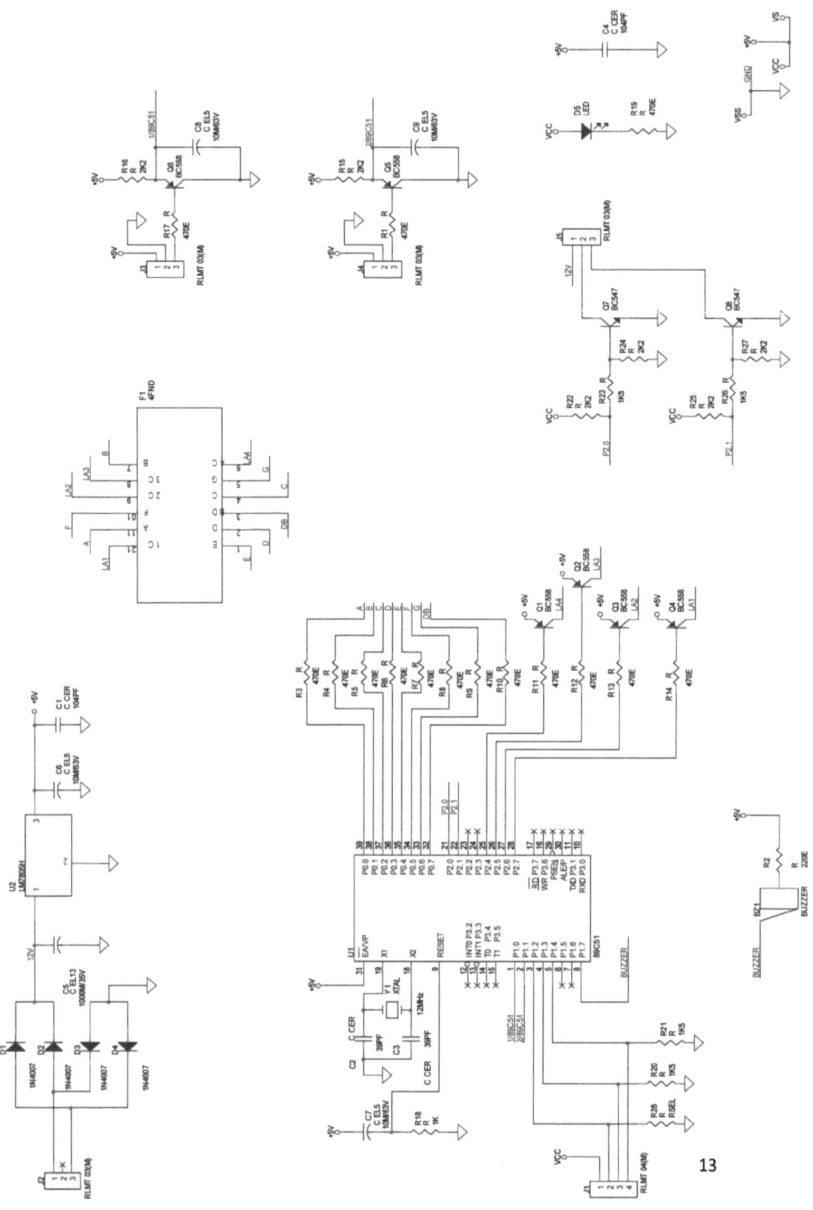

Item	Quantity	Reference	Part
1	1	BZ1	BUZZER
2	2	C1,C4	C CER 104PF
3	2	C2,C3	C CER 39PF
4	1	C5	C EL13 1000M/35V
5	4	C6,C7,C8,C9	C EL5 10M/63V
6	4	D1,D2,D3,D4	1N4007
7	1	D5	LED
8	1	F1	4FND
9	1	J1	RLMT 04(M)
10	4	J2,J3,J4,J5	RLMT 03(M)
11	6	Q1,Q2,Q3,Q4,Q5,Q6	BC558
12	2	Q7,Q8	BC547
13	15	R1,R3,R4,R5,R6,R7,R8,R9, R10,R11,R12,R13,R14,R17, R19	R 470E
14	1	R2	R 220E
15	6	R15,R16,R22,R24,R25,R27	R 2K2
16	1	R18	R 1K
17	4	R20,R21,R23,R26	R 1K5
18	1	R28	R RSEL
19	1	U1	89C51
20	1	U2	LM7805H
21	1	Y1	XTAL 12MHz

7. SECÇÃO DA FONTE DE ALIMENTAÇÃO

Consiste em:

1. **Conector RLMT**: É um conetor utilizado para ligar o transformador abaixador ao retificador de ponte.

2. **Retificador de ponte**: É um retificador de onda completa utilizado para converter ac em dc, 9-15v ac feito pelo transformador é convertido em dc com a ajuda do retificador.

3. **Condensador:** É um condensador eletrolítico de classificação 1000M/35V utilizado para remover as ondulações. O condensador é o componente utilizado para passar a corrente alternada e bloquear a corrente contínua.

4. **Regulador:** O LM7805 é utilizado para fornecer uma alimentação fixa regulada de 5v.

5. **Condensador:** É novamente um condensador eletrolítico de 10M/65v utilizado para filtrar a corrente contínua pura.

6. **Condensador:** É um condensador cerâmico utilizado para remover os picos gerados quando a frequência é elevada (picos).

Assim, a saída da secção de alimentação é 5v regulada dc.

SECÇÃO DO MICROCONTROLADOR

Requer que três ligações sejam efectuadas com sucesso para que o seu funcionamento se inicie.

1. **Alimentação de +5v:** Esta alimentação de +5v é necessária para que o controlador arranque e é fornecida a partir da secção de alimentação. Esta alimentação é fornecida nos pinos n.º 31 e 40 do controlador 89c51.

2. **Oscilador de cristal:** Um oscilador de cristal de 12 MHz é ligado ao pino n.º 19, x1 e ao pino n.º 18, x2 para gerar a frequência para o controlador. O oscilador de cristal funciona com base no efeito piezoelétrico. O relógio gerado é utilizado para determinar a velocidade de processamento do controlador. Dois condensadores são também ligados numa extremidade ao oscilador enquanto a outra extremidade é ligada à terra. Como é recomendado no livro, é necessário ligar dois condensadores cerâmicos de 20 pf-40 pf para estabilizar o relógio gerado.

3. **<u>Secção de reinicialização</u>:** É constituída por uma rede rc composta por um condensador de 10M/35V e uma resistência de 1k. Esta secção é utilizada para reiniciar o controlador ligado ao pino n.º 9 do AT89c51.

8. SECÇÃO DE VISUALIZAÇÃO

FND (visor numérico funcional):

O FND é semelhante ao ecrã de sete segmentos, mas tem mais um segmento db para decimais. Tem oito leds. A especificação de corrente para um led é 5MA-25MA. O intervalo de segurança para a corrente a selecionar é o valor médio que é 12MA e a tensão necessária é 5v, pelo que a resistência necessária para limitar a corrente no led é calculada pela lei de ohm, ou seja, V=IR, R=V/I e, por conseguinte, R é de cerca de 470ohm. O FND é ligado ao microcontrolador na porta INPUT/OUTPUT como p0, p1, p2 ou p3. E também é necessário um transístor para ligar ou desligar o FND. A resistência de base necessária para o transístor é também de 470ohm. A mensagem a ser exibida no FND é programada através de software.

SECÇÃO BUZZER

Esta secção inclui um sinal sonoro, bem como uma resistência para limitar a corrente. A campainha funciona na gama de 20-25mA. A tensão fornecida à campainha é de 5v e também pode funcionar entre 3V-24V. A resistência utilizada é calculada utilizando a lei de ohm.

A campainha é um dispositivo de indicação que é utilizado para verificar o estado do software e também para indicar qualquer condição específica.

ESQUEMA DA PLACA DE CIRCUITO IMPRESSO

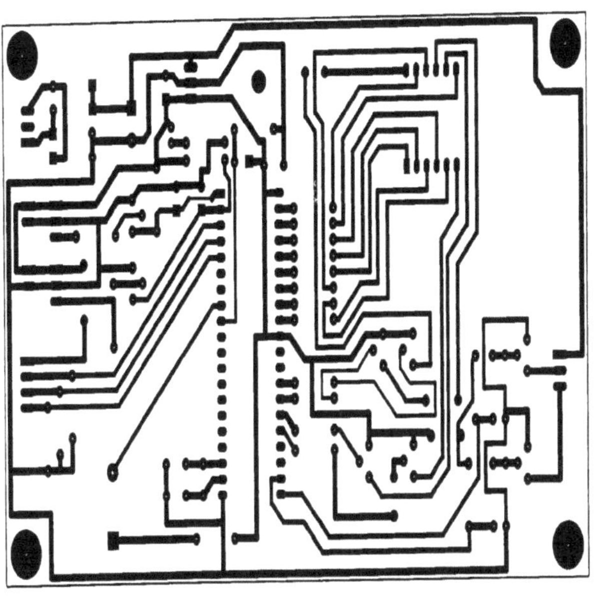

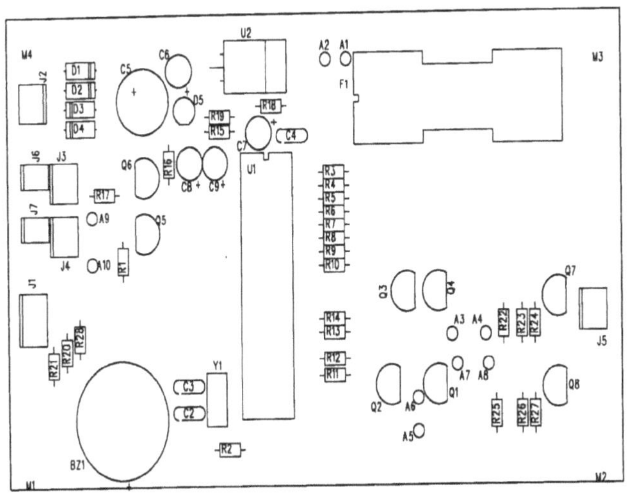

M4
U2
A2
A1
M3
D1
D2
D3
D4
J2
C5
C6
D5
R19
R15
R18
C7
C4
F1
J6
J3
Q6
R16
C8
C9
U1
R3
R4
R5
R6
R7
R8
R9
R10
R17
J7
A9
Q5
J4
A10
R1
J1
Q3
Q4
Q7
R14
R13
A3
A4
R22
R23
R24
J5
R28
R20
R21
R12
R11
Y1
C3
C2
A7
A8
Q2
Q1
A6
Q8
R25
R26
R27
A5
R2
BZ1
M1
M2

9. PASSOS PARA O FABRICO DA PLACA DE CIRCUITO IMPRESSO

1. Preparar o esquema do circuito (positivo).
2. Cortar o filme fotográfico (ligeiramente maior) do tamanho do esquema.
3. Colocar a folha na máquina de impressão fotográfica com o filme fotográfico por cima. Certifique-se de que o lado de brometo (escuro) do filme está em contacto com o esquema.
4. Ligar a máquina premindo o botão de pressão durante 5 segundos.
5. Mergulhar a película na solução preparada (revelador) misturando os produtos químicos A e B em quantidades iguais em água.
6. Limpar a película, colocando-a no tabuleiro com água durante 1 minuto.
7. Em seguida, mergulhar a película na solução de fixador durante 1 minuto. O negativo do circuito está pronto.
8. Agora lave-o sob a água corrente.
9. Secar o negativo na máquina de fotocura.
10. Pegue na placa de circuito impresso do tamanho do esquema e limpe-a com palha de aço para tornar a superfície lisa.
11. Mergulhar agora a placa de circuito impresso no fotoresistente líquido, com a ajuda de uma máquina de imersão.
12. Colocar o PCB junto ao negativo na máquina de fotopolimerização, secando durante cerca de 10-12 minutos.
13. Colocar agora o negativo na parte superior da placa de circuito impresso na máquina UV, programar o temporizador para cerca de 2,5 minutos e ligar a luz UV na parte superior.
14. Colocar o revelador LPR num recipiente e deslocar rigorosamente a placa de circuito impresso para o mesmo.
15. Depois, lavar com água muito suavemente.
16. Em seguida, aplicar a tinta LPR com a ajuda de um conta-gotas, de modo a que fique completamente coberta.

17. Agora, fixar a placa de circuito impresso na máquina de gravação que contém a solução de cloreto férrico durante cerca de 10 minutos.

18. Após a gravação, lavar a placa de circuito impresso com água e passar suavemente um pano seco.

19. Finalmente, esfregue a placa de circuito impresso com uma palha de aço e a placa de circuito impresso está pronta.

PROGRAMAÇÃO

```
INCLUDE 89c51.mc

main:

        CLR   relay1

        CLR   relay2

        MOV dis_buf,#04H

        MOV dis_buf+1,#03h

        MOV dis_buf+2,#02h

        MOV dis_buf+3,#01h

mainloop:

        JB     p1.0,la1

        CLR   buzzer

        SETB buzzer
```

```
        SETB relay1
        CLR  relay2
        MOV dis_buf,#0aH
        MOV dis_buf+1,#0ah
        MOV dis_buf+2,#1ah
        MOV dis_buf+3,#1bh
        CLR  relay1
        CLR  relay2
NB1:
        JB   P1.1,NB1
        CLR  buzzer
        SETB buzzer
        CLR  relay1
        SETB relay2
        MOV dis_buf,#0aH
        MOV dis_buf+1,#12h
        MOV dis_buf+2,#12h
        MOV dis_buf+3,#1bh
        CLR  relay1
```

```
        CLR  relay2
la1:
        JB      p1.1,la3
        CLR  buzzer
        SETB buzzer
        SETB relay1
        CLR  relay2
        MOV dis_buf,#0aH
        MOV dis_buf+1,#0ah
        MOV dis_buf+2,#1ah
        MOV dis_buf+3,#1bh
        CLR  relay1
        CLR  relay2
NB2:
        JB      P1.0,NB2
        CLR  buzzer
        SETB buzzer
        CLR  relay1
        SETB relay2
```

```
        MOV dis_buf,#0aH
        MOV dis_buf+1,#12h
        MOV dis_buf+2,#12h
        MOV dis_buf+3,#1bh
        CLR   relay1
        CLR   relay2
la3:
        JMP   mainloop
Table:
        DB    c0h;0
        DB    f9h;1
        DB    a4h;2
        DB    b0h;3
        DB    99h;4
        DB    92h;5
        DB    82h;6
        DB    f8h;7
        DB    80h;8
        DB    98h;9
```

```
        DB    ffh;
blank
        DB    88h;A
        DB    83h;b
        DB    80h;B
        DB    a7h;c
        DB    c6h;C
        DB    a1h;d
        DB    86h;E          11
        DB    8eh;F
        DB    c2h;G
        DB    8bh;h
        DB    fbh;i
        DB    e1h;j
        DB    8fh;k
        DB    c7h;L
        DB    c8h;M          19
        DB    abh;n          1a
        DB    a3h;o
```

```
DB    c0h;O
DB    8ch;P
DB    98h;q
DB    afh;r        1f
DB    92h;S        20
DB    87h;t        21
DB    c1h;U
DB    e3h;vw
DB    89h;X
DB    91h;y
DB    a4h;Z
```

10. MICROCONTROLADOR

MICROCONTROLADOR AT89C51/89s52

Características

- Compatível com os produtos MCS-51
- 8K Bytes de memória Flash Re-programável no sistema
- Resistência: 1.000 ciclos de escrita/apagamento
- Funcionamento totalmente estático: 0 Hz a 24 MHz
- Bloqueio de memória de programa de três níveis
- 256 x 8-bit RAM interna
- 32 linhas de E/S programáveis
- Três contadores/temporizadores de 16 bits
- Oito fontes de interrupção
- Canal de série programável
- Modos de baixo consumo de energia inativo e de desativação

DESCRIÇÃO

O AT89s52 é um microcomputador CMOS de 8 bits, de baixo consumo e elevado desempenho, com 8Kbytes de memória Flash programável e apagável apenas para leitura (PEROM). O dispositivo é fabricado utilizando a tecnologia de memória não volátil de alta densidade da Atmel e é compatível com o conjunto de instruções e pin out 80C51 e 80C52 padrão da indústria.

O Flash no chip permite que a memória de programa seja reprogramada no sistema ou por um programador de memória não volátil convencional. Ao combinar uma CPU versátil de 8 bits com Flash num chip monolítico, o Atmel AT89C52 é um microcomputador potente que proporciona uma solução altamente flexível e económica para muitas aplicações de controlo incorporadas. O AT89s52 fornece os seguintes recursos padrão: 8K bytes de Flash, 256 bytes de RAM, 32 linhas de E/S, três temporizadores/contadores de 16 bits, uma arquitetura de interrupção de dois níveis com seis vectores, uma porta série full-duplex, oscilador no chip e circuito de relógio. Além disso, o AT89C52 foi concebido com lógica estática para funcionamento até à frequência zero e suporta dois modos de poupança de energia seleccionáveis por software. O modo ocioso pára a CPU enquanto permite que a RAM; temporizador/contadores, porta serial e sistema de interrupção continuem funcionando. O modo Power-down guarda o conteúdo da RAM mas congela o oscilador, desactivando todas as outras funções do chip até ao próximo reset de hardware.

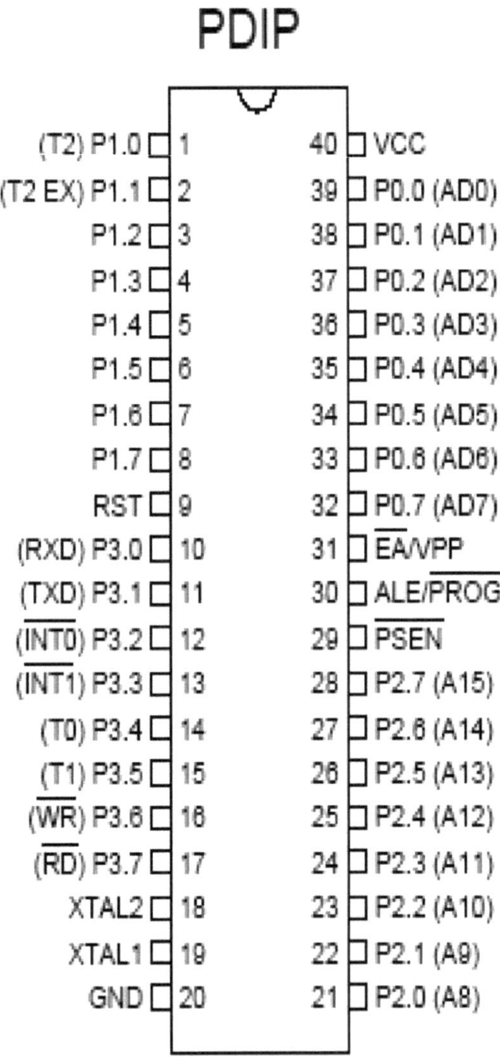

Block Diagram

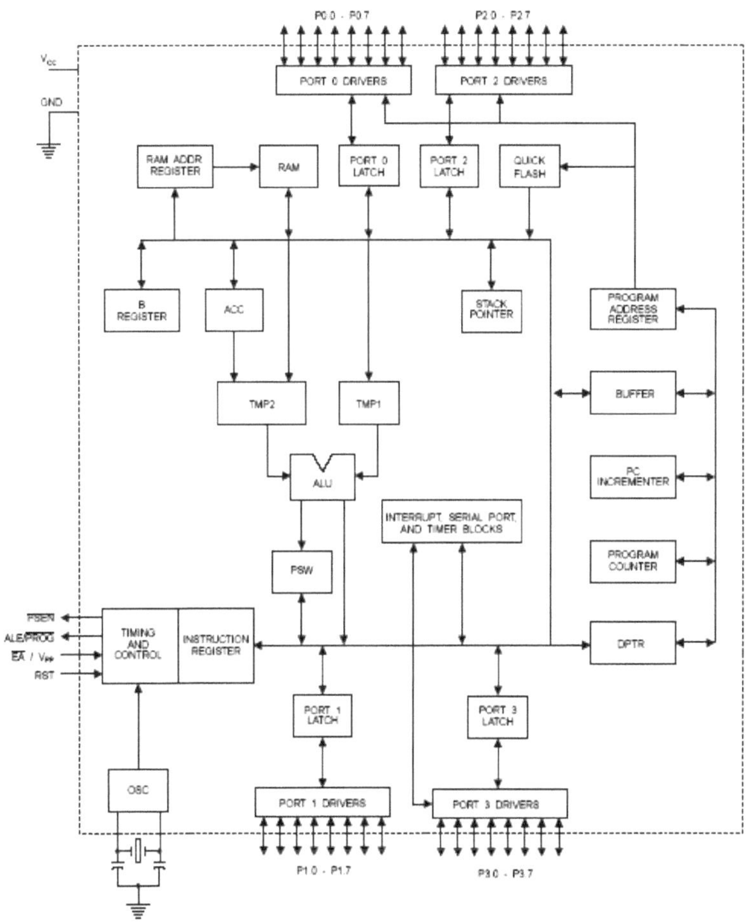

11. DESCRIÇÃO DO PINO

VCC

Tensão de alimentação.

GND

Solo.

Porto 0

A porta 0 é uma porta E/S bidirecional de dreno aberto de 8 bits. Como uma porta de saída, cada pino pode absorver oito entradas TTL. Quando são escritos 1s nos pinos da porta 0, os pinos podem ser utilizados como entradas de alta impedância.

A porta 0 também pode ser configurada para ser o barramento multiplexado de endereço/dados de ordem baixa durante os acessos à memória externa de programa e dados. Neste modo, P0 tem pull-ups internos.

A porta 0 também recebe os bytes de código durante a programação Flash e envia os bytes de código durante a verificação do programa. São necessários pull-ups externos durante a verificação do programa.

Porto 1

A Porta 1 é uma porta E/S bidirecional de 8 bits com pull-ups internos. Os buffers de saída da Porta 1 podem ser fonte/sumidouro de quatro entradas TTL. Quando 1s são escritos nos pinos da Porta 1, eles são puxados para cima pelos pull-ups internos e podem ser usados como entradas. Como entradas, os pinos da Porta 1 que estão a ser puxados externamente para baixo irão gerar corrente (IIL) devido aos pull-ups internos.

Para além disso, P1.0 e P1.1 podem ser configurados para serem a entrada de contagem externa do temporizador/contador 2 (P1.0/T2) e a entrada de disparo do temporizador/contador 2 (P1.1/T2EX), respetivamente, como se mostra na tabela seguinte.

O porto 1 também recebe os bytes de endereço de ordem inferior durante.

Flash programming and verification

Port Pin	Alternate Functions
P1.0	T2 (external count input to Timer/Counter 2), clock-out
P1.1	T2EX (Timer/Counter 2 capture/reload trigger and direction control)

Porto 2

A Porta 2 é uma porta E/S bidirecional de 8 bits com pull-ups internos. Os buffers de saída da Porta 2 podem ser fonte/sumidouro de quatro entradas TTL. Quando 1s são escritos nos pinos da Porta 2, eles são puxados para cima pelos pull-ups internos e podem ser usados como entradas. Como entradas, os pinos da Porta 2 que estão a ser puxados externamente para baixo irão gerar corrente (IIL) devido aos pull-ups internos. A Porta 2 emite o byte de endereço de ordem alta durante as aquisições da memória de programa externa e durante os acessos à memória de dados externa que usam endereços de 16 bits (MOVX @ DPTR). Nesta aplicação, a Porta 2 utiliza fortes pull-ups internos quando emite 1s. Durante os acessos à memória de dados externa que utilizam endereços de 8 bits (MOVX @ RI), a Porta 2 emite o conteúdo do Registo de Funções Especiais P2. A Porta 2 também recebe os bits de endereço de ordem superior e alguns sinais de controlo durante a programação e verificação Flash.

Porto 3

A Porta 3 é uma porta E/S bidirecional de 8 bits com pull-ups internos. Os buffers de saída da Porta 3 podem ser fonte/sumidouro de quatro entradas TTL. Quando 1s são escritos nos pinos da Porta 3, eles são puxados para cima pelos pull-ups internos e podem ser usados como entradas. Como entradas, os pinos da Porta 3 que estão a ser puxados externamente para baixo irão gerar corrente (IIL) devido aos pull-ups. A Porta 3 também serve para as funções de vários recursos especiais do AT89C51, conforme mostrado na tabela a seguir. A Porta 3 também recebe alguns sinais de controlo para programação Flash.

Port Pin	Alternate Functions
P3.0	RXD (serial input port)
P3.1	TXD (serial output port)
P3.2	$\overline{\text{INT0}}$ (external interrupt 0)
P3.3	$\overline{\text{INT1}}$ (external interrupt 1)
P3.4	T0 (timer 0 external input)
P3.5	T1 (timer 1 external input)
P3.6	$\overline{\text{WR}}$ (external data memory write strobe)
P3.7	$\overline{\text{RD}}$ (external data memory read strobe)

RST

Entrada de reinicialização. Um valor alto neste pino durante dois ciclos de máquina enquanto o oscilador está a funcionar reinicia o dispositivo.

ALE/PROG

A ativação do bloqueio de endereço é um impulso de saída para bloquear o byte inferior do endereço durante os acessos à memória externa. Este pino é também a entrada de impulso de programa (PROG) durante a programação Flash. Em funcionamento normal, o ALE é emitido a uma taxa constante de 1/6 da frequência do oscilador e pode ser utilizado para efeitos de temporização externa ou de relógio. Note, no entanto, que um pulso ALE é pulado durante cada acesso à memória de dados externa. Se desejado, a operação ALE pode ser desactivada definindo o bit 0 da localização 8EH do SFR. Com o bit definido, o ALE só está ativo durante uma instrução MOVX ou MOVC. Caso contrário, o pino é fracamente puxado para cima. A definição do bit de desativação ALE não tem efeito se o microcontrolador estiver no modo de execução externa.

PSEN

Program Store Enable é o sinalizador de leitura para a memória de programa externa. Quando o AT89C52 está a executar código a partir da memória de programa externa, PSEN é ativado duas vezes em cada ciclo de máquina, exceto que duas activações de PSEN são ignoradas durante cada acesso à memória de dados externa.

EA/VPP

Ativação de acesso externo. EA tem de ser ligado a GND para permitir que o dispositivo vá buscar código a localizações de memória de programa externas a partir de 0000H até FFFFH.

Note-se, no entanto, que se o bit de bloqueio 1 for programado, EA será bloqueado internamente na reposição.

EA deve ser ligado a VCC para execuções de programas internos. Este pino também recebe a tensão de habilitação de programação de 12 volts (VPP) durante a programação Flash quando a programação de 12 volts é selecionada.

XTAL1

Entrada para o amplificador do oscilador inversor e entrada para o circuito de funcionamento do relógio interno.

XTAL2

Saída do amplificador do oscilador inversor .

REGISTOS DE FUNÇÕES ESPECIAIS

A Tabela 1 apresenta um mapa da área de memória no chip denominada espaço do Registo de Funções Especiais (SFR). Note-se que nem todos os endereços estão ocupados, e os endereços não ocupados podem não ser implementados no chip.

Os acessos de leitura a estes endereços devolverão, em geral, dados aleatórios, e os acessos de escrita terão um efeito indeterminado. O software do utilizador não deve escrever 1s nestas localizações não listadas, uma vez que podem ser utilizadas no futuro para novas funcionalidades.

Nesse caso, os valores de reposição ou inactivos dos novos bits serão sempre 0.

Registos do temporizador 2

Os bits de controlo e estado estão contidos nos registos T2CON (mostrado na Tabela 2) e T2MOD (mostrado na Tabela 4) para o Temporizador 2. O par de registos (RCAP2H,

RCAP2L) são os registos de Captura/Recarga para o Temporizador 2 no modo de captura de 16 bits ou no modo de recarga automática de 16 bits.

Registos de interrupções

Os bits de ativação de interrupção individuais encontram-se no registo IE. Podem ser definidas duas prioridades para cada uma das seis fontes de interrupção no registo IP. As instruções que utilizam o endereçamento indireto acedem aos 128 bytes superiores da RAM. Por exemplo, a seguinte instrução de endereçamento indireto, em que R0 contém 0A0H, acede ao byte de dados no endereço 0A0H, em vez de P2 (cujo endereço é 0A0H).

MOV @R0, #dados

Note-se que as operações de pilha são exemplos de endereçamento indireto, pelo que os 128 bytes superiores da RAM de dados estão disponíveis como espaço de pilha.

Temporizador 0 e 1

O Temporizador 0 e o Temporizador 1 no AT89C52 funcionam da mesma forma que o Temporizador 0 e o Temporizador 1 no T89C51.

Temporizador 2

O temporizador 2 é um temporizador/contador de 16 bits que pode funcionar como um temporizador ou um contador de eventos. O tipo de operação é selecionado pelo bit C/T2 no SFR T2CON (mostrado na Tabela

2).O temporizador 2 tem três modos de operação: captura, auto-recarga (contagem crescente ou decrescente) e gerador de taxa de transmissão. Os modos são seleccionados por bits em T2CON, como mostra a Tabela 3.O Temporizador 2 consiste em dois registos de 8 bits, TH2 e TL2. Na função de Temporizador, o registo TL2 é incrementado a cada ciclo de máquina. Uma vez que um ciclo de máquina consiste em 12 períodos de oscilador, a taxa de contagem é 1/12 do pino de entrada do oscilador, T2. Nesta função, a entrada externa é amostrada durante S5P2 de cada ciclo de máquina. Quando as amostras mostram um valor alto num ciclo e um valor baixo no ciclo seguinte, a contagem é incrementada. O novo valor de contagem aparece no registo durante S3P1 do ciclo seguinte àquele em que a transição foi detectada. Uma vez que são necessários dois ciclos de máquina (24 períodos de oscilador) para reconhecer uma transição de 1 para 0, a taxa máxima de contagem é 1/24 da frequência do oscilador. Para garantir que um determinado nível é amostrado pelo menos uma vez antes de mudar, o nível deve ser mantido durante pelo menos um ciclo de máquina completo.

MODO DE CAPTURA

No modo de captura, duas opções são seleccionadas pelo bit EXEN2 em T2CON. Se EXEN2 = 0, o Temporizador 2 é um temporizador ou contador de 16 bits que, ao transbordar, ativa o bit TF2 em T2CON, que pode então ser utilizado para gerar uma interrupção. Se EXEN2 = 1, o Temporizador 2 executa a mesma operação, mas uma transição de 1 para 0 na entrada externa T2EX também faz com que o valor atual em TH2 e TL2 seja capturado em CAP2H e RCAP2L, respetivamente. Além disso, a transição em T2EX faz com que o bit EXF2 em T2CON seja definido. O bit EXF2, tal como TF2, pode gerar uma interrupção. O modo de captura é ilustrado na Figura 1.

Figure 1. Timer in Capture Mode

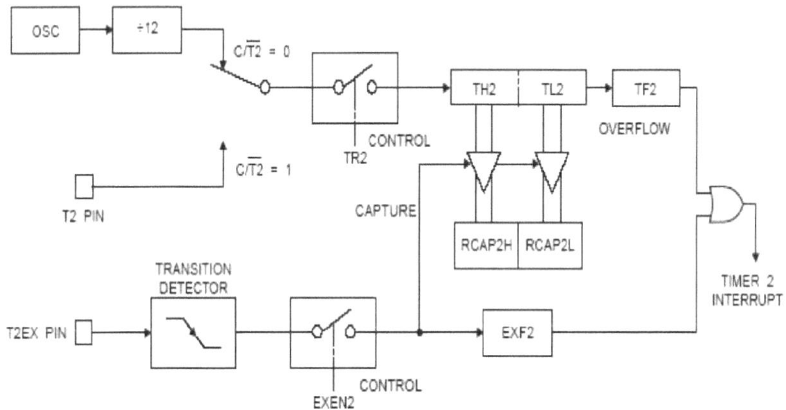

RECARGA AUTOMÁTICA (CONTADOR ASCENDENTE OU DESCENDENTE)

O temporizador 2 pode ser programado para contar para cima ou para baixo quando configurado no seu modo de auto-carregamento de 16 bits. Esta funcionalidade é invocada pelo bit DCEN (Down Counter Enable) localizado no SFR T2MOD (ver Tabela 4). Ao ser reiniciado, o bit DCEN é colocado a 0 para que o temporizador 2 efectue a contagem ascendente por defeito. Quando DCEN é definido, o Temporizador 2 pode contar para cima ou para baixo, dependendo do valor do pino T2EX. A Figura 2 mostra o Temporizador 2 a contar automaticamente para cima quando DCEN = 0. Neste modo, são seleccionadas duas opções pelo bitEXEN2 em T2CON. Se EXEN2 = 0, o Temporizador 2 conta até 0FFFFH e, em seguida, define o bit TF2 após o estouro. O estouro também faz com que os registos do temporizador sejam recarregados com o valor de 16 bits em RCAP2H e RCAP2L. Os valores em Timer no Modo de CapturaRCAP2H e RCAP2L são predefinidos por software. Se EXEN2 = 1, uma recarga de 16 bits pode ser accionada por um overflow ou por uma transição de 1 para 0 na entrada externa T2EX. Esta transição também define o bit EXF2. Ambos os bits TF2 e EXF2 podem gerar uma interrupção se estiverem activados. A definição do bit DCEN permite que o Temporizador 2 efectue uma contagem ascendente ou descendente, como se mostra na Figura 3. Neste modo, o pino T2EX controla a direção da contagem. Um 1 lógico no T2EX faz com que o Temporizador 2 conte para cima. O temporizador irá transbordar em 0FFFFH e definir o bit TF2. Este estouro também faz com que o valor de 16 bits em RCAP2H e RCAP2L seja recarregado nos registos do temporizador, TH2 e TL2, respetivamente. Um 0 lógico em T2EX faz com que o Temporizador 2 entre em contagem decrescente. O temporizador subflui quando TH2 e TL2 igualam os valores armazenados em RCAP2H e RCAP2L. O subfluxo define o bit TF2 e faz com que 0FFFFH seja recarregado nos Registos do temporizador. O bit EXF2 alterna sempre que o Temporizador 2 transborda ou subtransborda e pode ser usado como um 17º bit de resolução. Neste modo de funcionamento, EXF2 não assinala uma interrupção.

Figure 2. Timer 2 Auto Reload Mode (DCEN = 0)

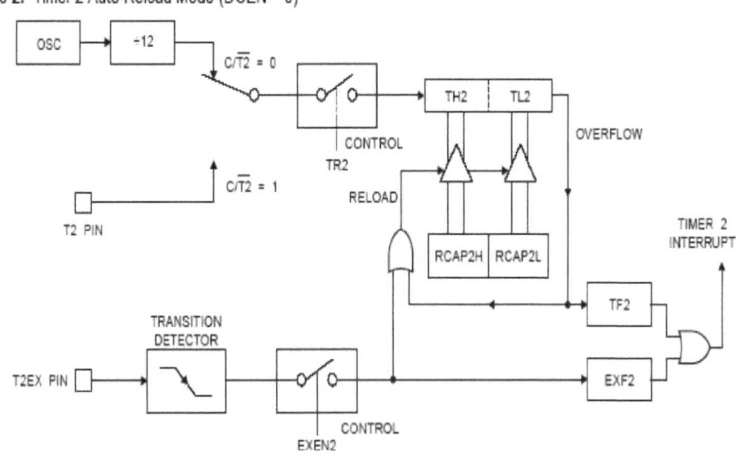

Table 4. T2MOD – Timer 2 Mode Control Register

T2MOD Address = 0C9H Reset Value = XXXX XX00B

Not Bit Addressable

	-	-	-	-	-	-	T2OE	DCEN
Bit	7	6	5	4	3	2	1	0

Symbol	Function
-	Not implemented, reserved for future
T2OE	Timer 2 Output Enable bit.
DCEN	When set, this bit allows Timer 2 to be configured as an up/down counter.

Figure 3. Timer 2 Auto Reload Mode (DCEN = 1)

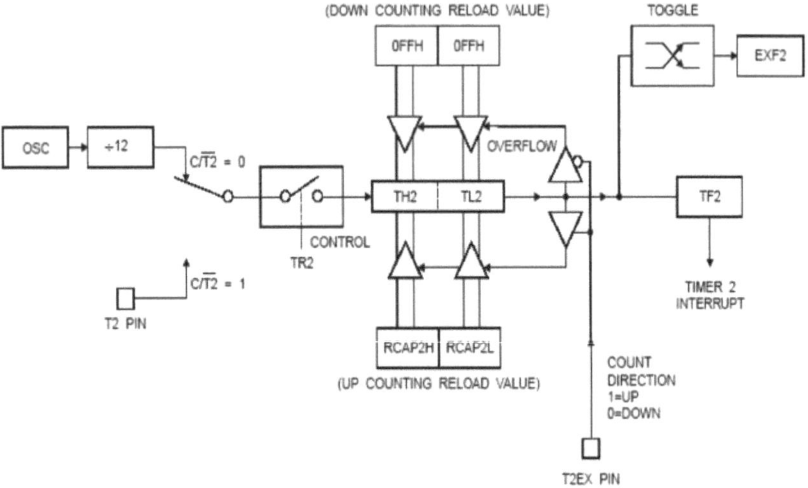

Figure 4. Timer 2 in Baud Rate Generator Mode

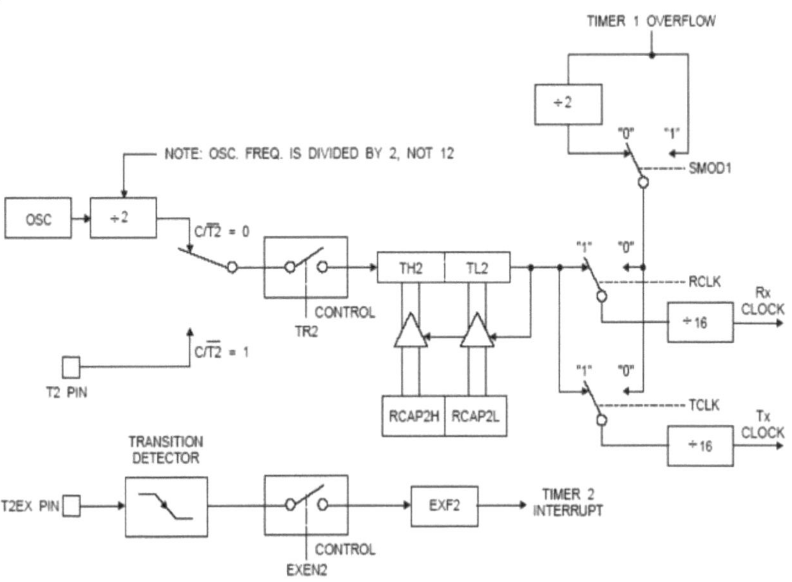

GERADOR DE TAXA DE TRANSMISSÃO

O Temporizador 2 é selecionado como o gerador da taxa de baud configurando TCLK e/ou RCLK em T2CON (Tabela 2). Note que as taxas de baud para transmissão e receção podem ser diferentes se o Temporizador 2 for usado para o recetor ou transmissor e o Temporizador

1 for usado para a outra função. O ajuste de RCLK e/ou TCLK coloca o Temporizador 2 em seu modo gerador de taxa de transmissão, como mostrado na Figura 4. O modo de gerador de taxa de baud é semelhante ao modo de recarga automática, em que um rollover em TH2 faz com que os registos do Temporizador 2 sejam recarregados com o valor de 16 bits nos registos RCAP2H e RCAP2L, que são predefinidos por software.

As taxas de baud nos modos 1 e 3 são determinadas pela taxa de overflow do Timer2 de acordo com a seguinte equação.

$$\text{Modes 1 and 3 Baud Rates} = \frac{\text{Timer 2 Overflow Rate}}{16}$$

|O temporizador pode ser configurado para funcionamento com temporizador ou contador. Na maioria das aplicações, é configurado para funcionamento de temporizador (CP/T2 = 0). O funcionamento do temporizador é diferente para o Temporizador 2 quando este é utilizado como gerador de taxa de baud.

Normalmente, como um temporizador, ele incrementa a cada ciclo de máquina (a 1/12 da frequência do oscilador). Como gerador de taxa de transmissão, no entanto, incrementa cada tempo de estado (a 1/2 da frequência do oscilador).

A fórmula da taxa de transmissão é apresentada abaixo.

$$\frac{\text{Modes 1 and 3}}{\text{Baud Rate}} = \frac{\text{Oscillator Frequency}}{32 \times [65536 - (\text{RCAP2H,RCAP2L})]}$$

Onde, (RCAP2H, RCAP2L) é o conteúdo de RCAP2H e RCAP2L tomado como um inteiro sem sinal de 16 bits. O temporizador 2 como gerador de taxa de transmissão é mostrado na Figura 4. Esta figura só é válida se RCLK ou TCLK = 1 em T2CON. Note-se que um rollover em TH2 não ativa TF2 e não gera uma interrupção. Observe também que, se EXEN2 estiver definido, uma transição de 1 para 0 em T2EX definirá EXF2, mas não causará uma recarga de (RCAP2H, RCAP2L) para (TH2, TL2). Assim, quando o Temporizador 2 está a ser utilizado como gerador de velocidade de transmissão, T2EX pode ser utilizado como uma interrupção externa extra.

Note que quando o Temporizador 2 está a funcionar (TR2 = 1) como um temporizador no modo de gerador de taxa de transmissão, TH2 ou TL2 não devem ser lidos ou escritos.

Nestas condições, o Temporizador é incrementado a cada tempo de estado, e os resultados de uma leitura ou escrita podem não ser exactos. Os registos RCAP2 podem ser lidos mas não devem ser escritos, porque uma escrita pode sobrepor-se a um recarregamento e causar erros de escrita e/ou recarregamento. O temporizador deve ser desligado (limpar TR2) antes de aceder aos registos do Temporizador 2 ou RCAP2.

Figure 5. Timer 2 in Clock-out Mode

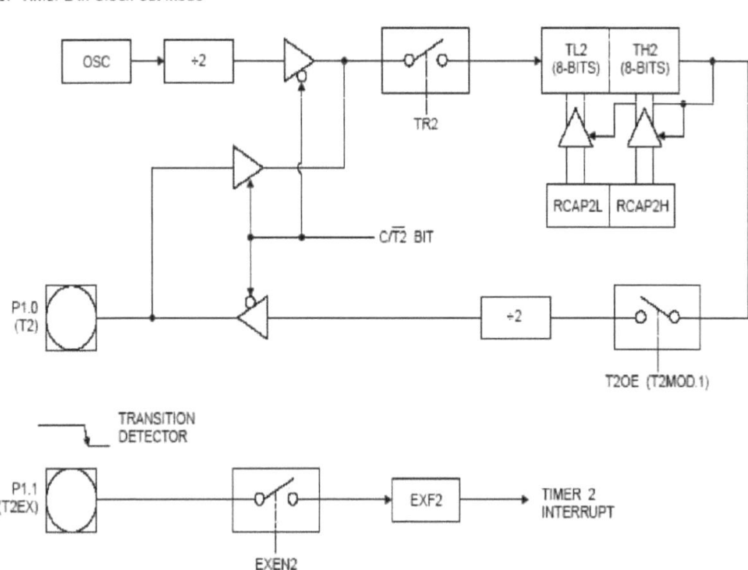

SAÍDA DE RELÓGIO PROGRAMÁVEL

Um relógio com ciclo de trabalho de 50% pode ser programado para sair em P1.0, como mostrado na Figura 5. Este pino, para além de ser um pino de E/S normal, tem duas funções alternativas. Pode ser programado para introduzir o relógio externo para o Temporizador/Contador 2 ou para emitir um relógio com ciclo de trabalho de 50% que varia entre 61 Hz e 4 MHz numa frequência de funcionamento de 16 MHz. Para configurar o Temporizador/Contador 2 como um gerador de relógio, o bit C/T2 (T2CON.1) deve ser desmarcado e o bit T2OE (T2MOD.1) deve ser definido. O bit TR2 (T2CON.2) inicia e pára o temporizador. A frequência de saída do relógio depende da frequência do oscilador e do valor de recarga dos registos de captura do Temporizador 2 (RCAP2H, RCAP2L), como se mostra na equação seguinte.

$$\text{Clock-Out Frequency} = \frac{\text{Oscillator Fequency}}{4 \times [65536 - (\text{RCAP2H,RCAP2L})]}$$

No modo clock-out, os roll-overs do Temporizador 2 não geram uma interrupção. Este comportamento é semelhante a quando o Temporizador 2 é utilizado como um gerador de taxa de transmissão. É possível usar o Temporizador 2 como um gerador de taxa de transmissão e um gerador de relógio simultaneamente. Note, no entanto, que as frequências de baud-rate e clock-out. As frequências não podem ser determinadas independentemente uma da outra, uma vez que ambas utilizam RCAP2H e RCAP2L.

UART

A UART no AT89C52 funciona da mesma forma que a UART no AT89C51.

INTERRUPÇÕES

O AT89C52 tem um total de seis vectores de interrupção: duas interrupções externas (INT0 e INT1), três interrupções de temporizador (temporizadores 0, 1 e 2) e a interrupção da porta série. Cada uma destas fontes de interrupção pode ser activada ou desactivada individualmente, definindo ou apagando um bit no Registo de funções especiais IE. O IE também contém um bit de desativação global, EA, que desactiva todas as interrupções de uma só vez.

Note-se que a tabela mostra que a posição do bit IE.6 não está implementada. No AT89C51, a posição do bit IE.5 também não está implementada. O software do utilizador não deve escrever 1s nestas posições de bit, uma vez que podem ser utilizadas em futuros produtos AT89. A interrupção do temporizador 2 é gerada pelo OR lógico dos bits TF2 e EXF2 no registo T2CON. Nenhum destes sinalizadores é apagado pelo hardware quando a rotina de serviço é vectorizada. De facto, a rotina de serviço pode ter de determinar se foi o TF2 ou o EXF2 que gerou a interrupção, e esse bit terá de ser apagado em software. Os sinalizadores do Temporizador 0 e do Temporizador 1, TF0 e TF1, são definidos em S5P2 do ciclo em que os temporizadores transbordam. Os valores são então sondados pelo circuito no ciclo seguinte. No entanto, o sinalizador do Temporizador 2, TF2, é definido em S2P2 e é sondado no mesmo ciclo em que o temporizador transborda.

Table 5. Interrupt Enable (IE) Register

(MSB) (LSB)

EA	-	ET2	ES	ET1	EX1	ET0	EX0

Enable Bit = 1 enables the interrupt.

Enable Bit = 0 disables the interrupt.

Symbol	Position	Function
EA	IE.7	Disables all interrupts. If EA = 0, no interrupt is acknowledged. If EA = 1, each interrupt source is individually enabled or disabled by setting or clearing its enable bit.
-	IE.6	Reserved.
ET2	IE.5	Timer 2 interrupt enable bit.
ES	IE.4	Serial Port interrupt enable bit.
ET1	IE.3	Timer 1 interrupt enable bit.
EX1	IE.2	External interrupt 1 enable bit.
ET0	IE.1	Timer 0 interrupt enable bit.
EX0	IE.0	External interrupt 0 enable bit.
User software should never write 1s to unimplemented bits, because they may be used in future AT89 products.		

Figure 6. Interrupt Sources

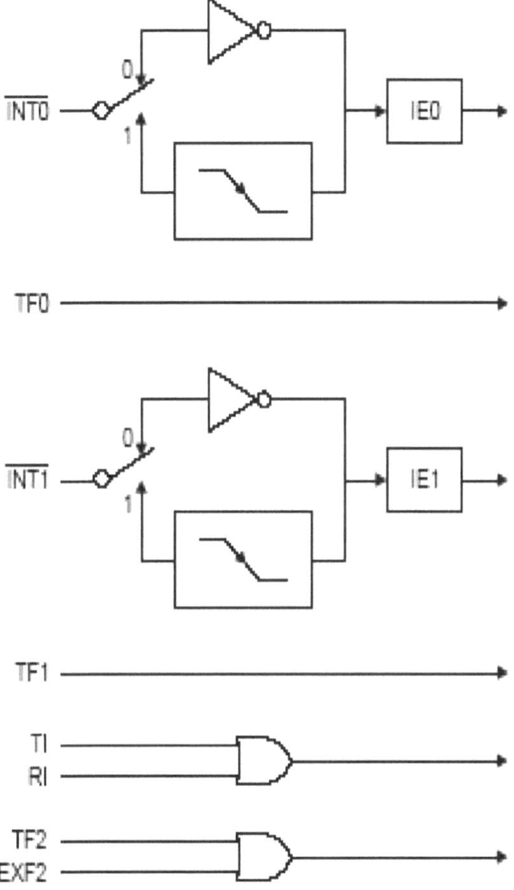

CARACTERÍSTICAS DO OSCILADOR EM MODO INACTIVO

XTAL1 e XTAL2 são a entrada e a saída, respetivamente, de um amplificador inversor que pode ser configurado para ser utilizado como um oscilador na pastilha, como se mostra na figura 7. Pode ser utilizado um cristal de quartzo ou um ressonador de cerâmica. Para acionar o dispositivo a partir de uma fonte de relógio externa, XTAL2 deve ser deixado. Não há requisitos sobre o ciclo de trabalho do sinal de relógio externo, uma vez que a entrada para o circuito de relógio interno é feita através de um flip-flop de divisão por dois, mas as especificações de tempo mínimo e máximo de tensão alta e baixa devem ser observadas.

No modo inativo, a CPU adormece enquanto todos os periféricos do chip permanecem activos. O modo é invocado por software. O conteúdo da RAM no chip e todos os registos de funções especiais permanecem inalterados durante este modo. O modo inativo pode ser terminado por qualquer interrupção activada ou por um reset de hardware.

Note-se que, quando o modo inativo é terminado por uma reinicialização do hardware, o dispositivo retoma normalmente a execução do programa a partir do ponto em que ficou, até dois ciclos de máquina antes de o algoritmo de reinicialização interna assumir o controlo. O hardware no chip inibe o acesso à RAM interna neste caso, mas o acesso aos pinos de porta não é inibido. Para eliminar a possibilidade de uma escrita inesperada num pino de porta quando o modo inativo é terminado por um reset, a instrução que se segue à que invoca o modo inativo não deve escrever num pino de porta ou na memória externa.

MODO DE DESACTIVAÇÃO

No modo de desativação, o oscilador é parado e a instrução que invoca a desativação é a última instrução executada. A RAM no chip e os registos de funções especiais mantêm os seus valores até que o modo de desativação seja terminado. A única saída do modo de desativação é um reset de hardware. A reinicialização redefine os SFRs, mas não altera a RAM no chip. O reset não deve ser cultivado antes de o VCC ser restaurado para o seu nível de funcionamento normal e deve ser mantido ativo durante tempo suficiente para permitir que o oscilador reinicie e estabilize.

Figure 7. Oscillator Connections

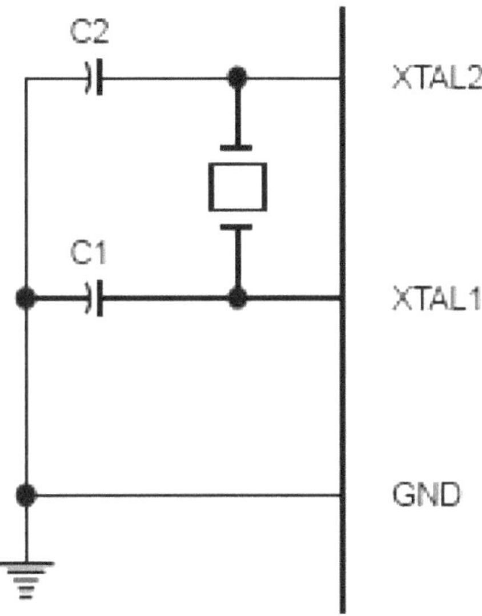

Note: C1, C2 = 30 pF ± 10 pF for Crystals
= 40 pF ± 10 pF for Ceramic Resonators

Figure 8. External Clock Drive Configuration

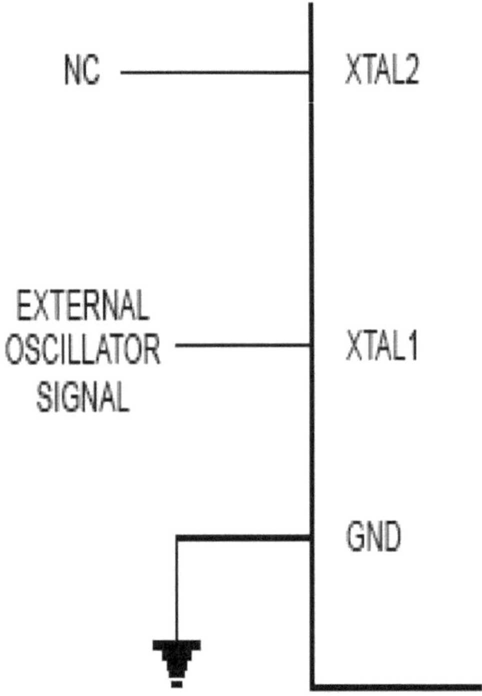

Status of External Pins During Idle and Powe-down Modes

Mode	Program Memory	ALE	$\overline{PSEN}$	PORT0	PORT1	PORT2	PORT3
Idle	Internal	1	1	Data	Data	Data	Data
Idle	External	1	1	Float	Data	Address	Data
Power-down	Internal	0	0	Data	Data	Data	Data
Power-down	External	0	0	Float	Data	Data	Data

Absolute Maximum Ratings*

Operating Temperature	-55°C to +125°C
Storage Temperature	-65°C to +150°C
Voltage on Any Pin with Respect to Ground	-1.0V to +7.0V
Maximum Operating Voltage	6.6V
DC Output Current	15.0 mA

CARACTERÍSTICAS AC

Em condições de funcionamento, a capacitância de carga para o Porto 0, ALE/PROG e PSEN = 100 pF; a capacitância de carga para todas as outras saídas = 80 PF.

External Program Memory Read Cycle

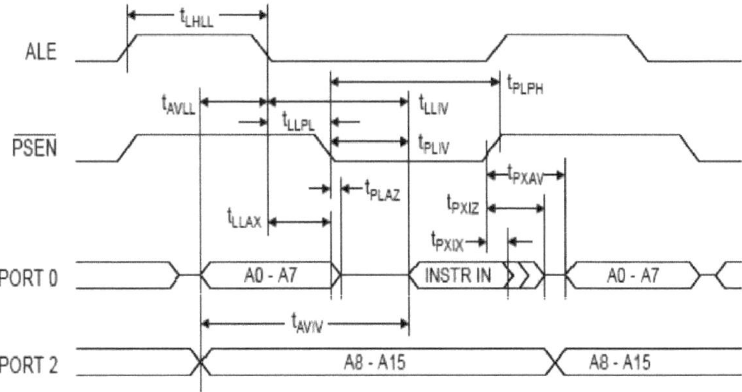

External Data Memory Read Cycle

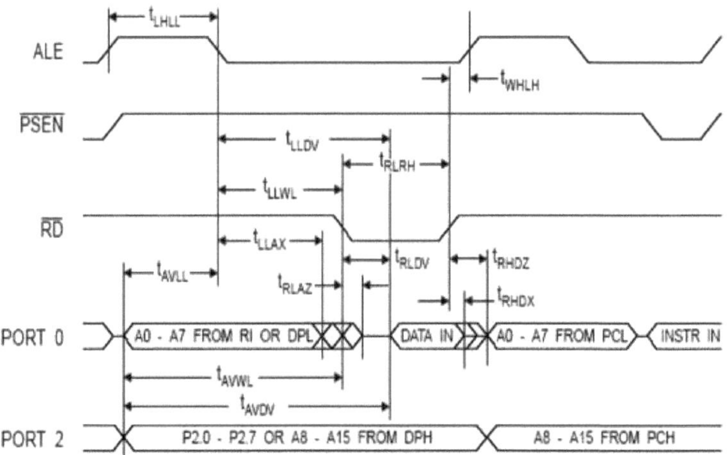

External Data Memory Write Cycle

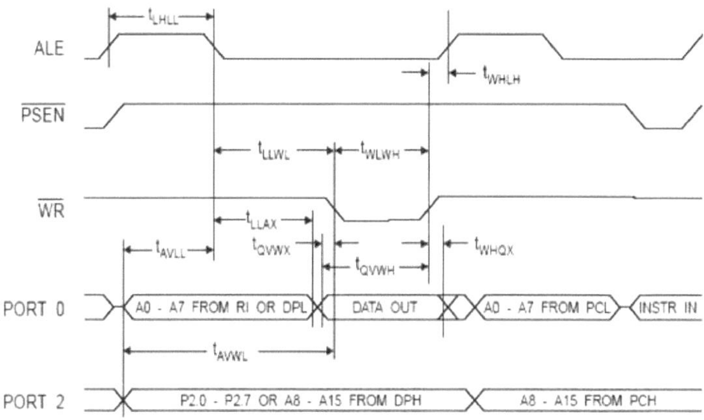

External Clock Drive Waveforms

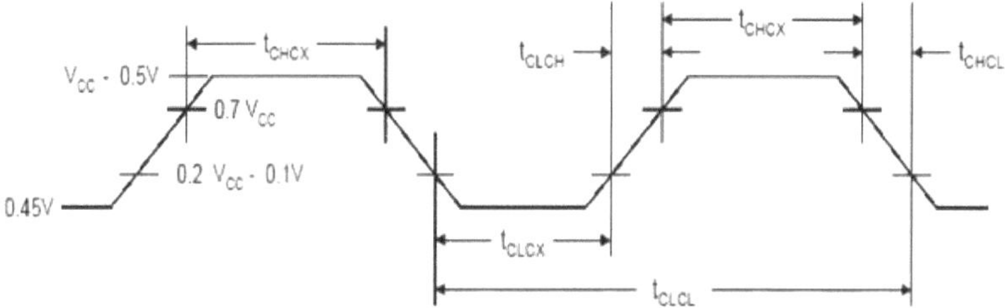

External Clock Drive

Symbol	Parameter	Min	Max	Units
$1/t_{CLCL}$	Oscillator Frequency	0	24	MHz
t_{CLCL}	Clock Period	41.6		ns
t_{CHCX}	High Time	15		ns
t_{CLCX}	Low Time	15		ns
t_{CLCH}	Rise Time		20	ns
t_{CHCL}	Fall Time		20	ns

Nota:

1. As entradas AC durante o teste são conduzidas a VCC - 0,5V para uma lógica 1 e 0,45V

para uma lógica

0. As medições de temporização são efectuadas a VIH mín. para uma lógica 1 e a VIL máx. para uma lógica 0.

Formas de onda de flutuação (1)

Nota: 1. Para efeitos de temporização, um pino de porta deixa de estar flutuante quando ocorre uma alteração de 100 mV da tensão de carga. Um pino de porta começa a flutuar quando ocorre uma mudança de 100 mV do nível VOH/VOL carregado.

SENSOR DE PRESSÃO/MICRO-INTERRUPTOR

Um sensor ou interrutor de pressão mede a pressão. A pressão é normalmente expressa em termos de força por unidade de área. Um sensor de pressão actua normalmente como um transdutor; gera um sinal em função da pressão imposta.

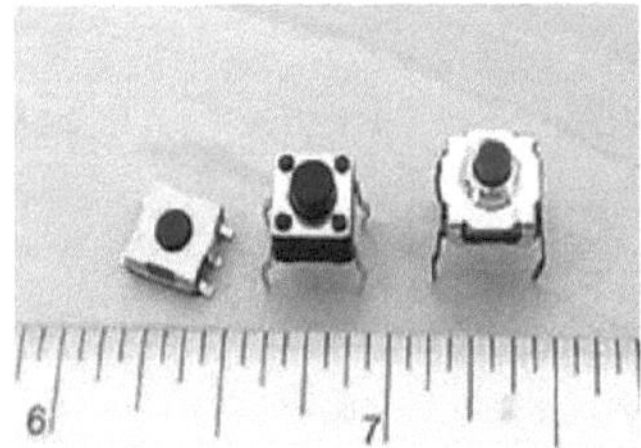

Fig: Diferentes tipos de pressostatos

Os sensores de pressão podem ser classificados em termos das gamas de pressão que medem, das gamas de temperatura de funcionamento e, mais importante ainda, do tipo de pressão que medem. Em termos de tipo de pressão, os sensores de pressão podem ser divididos em cinco categorias:

1) Sensor de pressão absoluta

Este sensor mede a pressão em relação à pressão de vácuo perfeita.

2) Sensor de pressão manométrica

Este sensor é utilizado em diferentes aplicações porque pode ser calibrado para medir a pressão relativa a uma determinada pressão atmosférica num determinado local.

3)Sensor de pressão de vácuo

Este sensor é utilizado para medir uma pressão inferior à pressão atmosférica num determinado local.

4) Sensor de pressão diferencial

Este sensor mede a diferença entre duas ou mais pressões introduzidas como entradas na unidade de deteção.

5) Sensor de pressão selado

Este sensor é igual ao sensor de pressão manométrica, exceto pelo facto de ser previamente calibrado pelos fabricantes para medir a pressão em relação à pressão ao nível do mar.

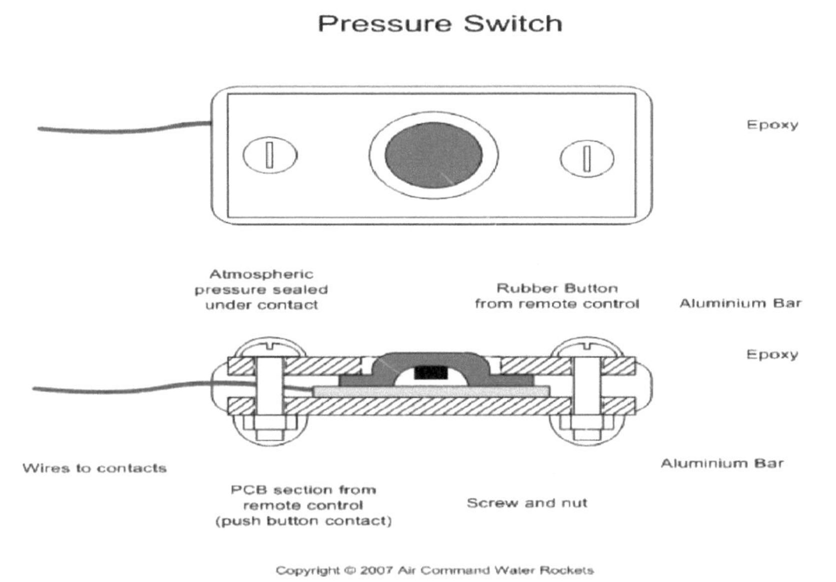

Fig: Funcionamento do interrutor de pressão

TECNOLOGIA DE DETECÇÃO DE PRESSÃO

Existem duas categorias básicas de sensores de pressão analógicos:

(i) Tipos de colectores de força - Estes tipos de sensores electrónicos de pressão utilizam geralmente um coletor de força (por exemplo, um diafragma, um pistão, um tubo de Bourdon ou um fole) para medir a tensão (ou deflexão) devida à força (pressão) aplicada numa área.

(ii) Outros tipos - Estes tipos de sensores electrónicos de pressão utilizam outras propriedades (como a densidade) para inferir a pressão de um gás ou líquido.

Neste ponto, iremos abordar apenas os sensores de pressão do tipo coletor de força. Os sensores de pressão de recolha de forças são dos seguintes tipos

MEDIDOR DE TENSÃO PIEZORESISTIVO

Utiliza o efeito piezoresistivo de extensómetros colados ou formados para detetar a deformação devida à pressão aplicada.

Geralmente, os extensómetros são ligados para formar um circuito de ponte de pedra de trigo para maximizar a saída do sensor. Esta é a tecnologia de deteção mais comummente utilizada para a medição de pressão para fins gerais.

Capacitivo - Utiliza um diafragma e uma cavidade de pressão para criar um condensador variável para detetar a deformação devida à pressão aplicada. As tecnologias comuns utilizam diafragmas de metal, cerâmica e silicone. Geralmente, estas tecnologias são mais aplicadas a baixas pressões (Absoluta, Diferencial e Manométrica)

Eletromagnético - Mede o deslocamento de um diafragma através de alterações na indutância (relutância), LVDT, efeito Hall, ou por corrente de Foucault principal.

Piezoelétrico - Utiliza o efeito piezoelétrico em determinados materiais, como o quartzo, para medir a tensão sobre o mecanismo de deteção devido à pressão. Esta tecnologia é normalmente utilizada para a medição de pressões altamente dinâmicas.

Ótico - Utiliza a alteração física de uma fibra ótica para detetar a deformação devida à pressão aplicada.

Potenciómetro - Utiliza o movimento de um raspador ao longo de um mecanismo resistivo para detetar a tensão causada pela pressão aplicada.

12. ECRÃ DE SETE SEGMENTOS

Um ecrã de sete segmentos (abreviatura: "ecrã de 7 segmentos") é uma forma de dispositivo de visualização que constitui uma alternativa aos ecrãs de matriz de pontos mais complexos. Os ecrãs de sete segmentos são normalmente utilizados em eletrónica como um método de apresentação de informações numéricas decimais sobre as operações internas dos dispositivos.

Conteúdo:

CONCEITO E ESTRUTURA VISUAL

Um componente típico de um ecrã LED de 7 segmentos, com ponto decimal. Um ecrã de sete segmentos, como o seu nome indica, é composto por sete elementos. Individualmente ligados ou desligados, podem ser combinados para produzir representações simplificadas dos algarismos hindu-arábicos. Cada um dos números 0, 6, 7 e 9 pode ser representado por dois ou mais glifos diferentes em ecrãs de sete segmentos.

Os sete segmentos estão dispostos como um retângulo com dois segmentos verticais de cada lado e um segmento horizontal em cima e em baixo. Além disso, o sétimo segmento divide o retângulo horizontalmente. Existem também ecrãs de catorze segmentos e ecrãs de dezasseis segmentos (para alfanuméricos completos); no entanto, estes foram substituídos na sua maioria por ecrãs de matriz de pontos.

Muitas vezes, os sete segmentos estão dispostos em oblíquo ou itálico, o que facilita a leitura.

Os segmentos de um ecrã de 7 segmentos são designados pelas letras A a G, como se segue:

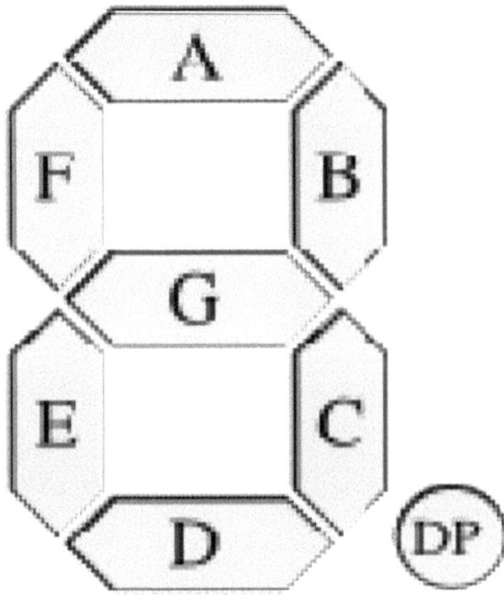

onde o ponto decimal DP opcional (um "oitavo segmento") é utilizado para a visualização de números não-inteiros.

Implementações:

A maioria dos ecrãs separados de 7 segmentos utiliza um conjunto de díodos emissores de luz (LED), embora existam outros tipos que utilizam tecnologias alternativas, como a descarga de gás de cátodo frio, a fluorescente de vácuo, o filamento incandescente, o ecrã de cristais líquidos (LCD), etc. Para os totens de preços de gás e outros sinais de grandes dimensões, continuam a ser habitualmente utilizados segmentos reflectores de luz invertidos electromagneticamente (por vezes designados por "palhetas"). Uma alternativa ao ecrã de 7 segmentos, entre os anos 50 e 70, era o tubo de vácuo tipo nixie. Para muitas aplicações, os LCD de matriz de pontos substituíram largamente os ecrãs LED, embora mesmo nos LCD os ecrãs de 7 segmentos sejam muito comuns. Ao contrário dos LEDs, as formas dos elementos num painel LCD são arbitrárias, uma vez que são formadas no ecrã por um tipo de processo de impressão. Em contrapartida, as formas dos segmentos de LED tendem a ser rectângulos simples, reflectindo o facto de terem de ser fisicamente moldados, o que dificulta a formação de formas mais complexas do que os segmentos dos ecrãs de 7 segmentos. No entanto, o elevado fator de reconhecimento comum dos ecrãs de 7 segmentos e o contraste visual comparativamente elevado obtido por esses ecrãs em relação aos dígitos de matriz de pontos tornam os ecrãs LCD de 7 segmentos com vários dígitos muito comuns nas calculadoras básicas.

Indicação alfabética:

Para além dos dez algarismos, os ecrãs de sete segmentos podem ser utilizados para mostrar letras dos alfabetos latino, cirílico e grego, incluindo a pontuação, mas apenas algumas representações são inequívocas e intuitivas ao mesmo tempo: A, B, C, E, F, G, H, I, J, L, N, O, P, S, U, Y, Z em maiúsculas e a, b, c, d , e, g, h, i, n, n, o, q, r, t, u em minúsculas. As tabelas detalhadas dos símbolos alternativos de sete segmentos para letras e pontuação são apresentadas na secção Representações de caracteres, abaixo.

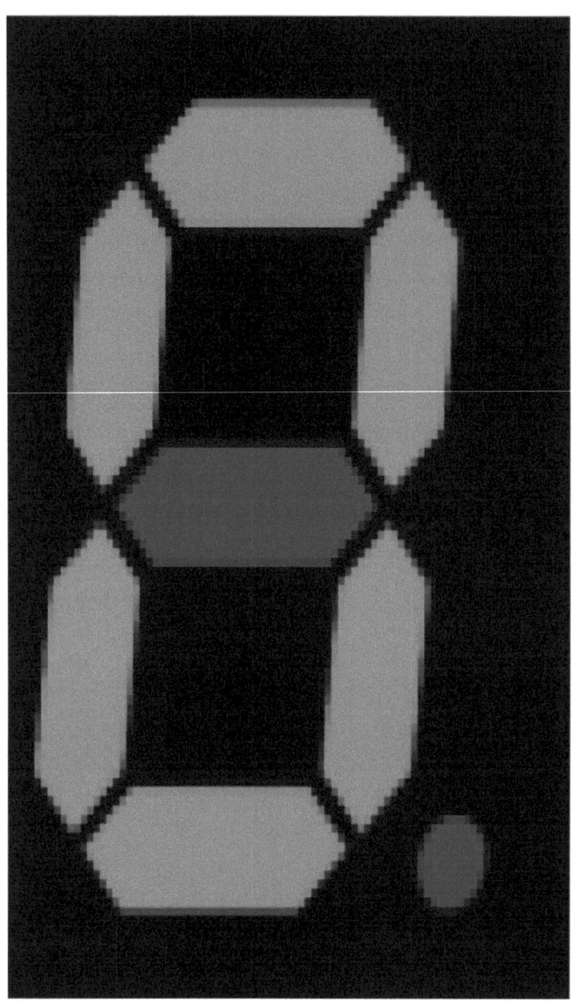

COMO FUNCIONA O ECRÃ DE 7 SEGMENTOS?

O ecrã de 7 segmentos encontra-se em muitos ecrãs, como micro-ondas ou fornos de torradeira sofisticados e, ocasionalmente, em aparelhos que não são de cozinha. São apenas 7 LEDs que foram combinados numa caixa para criar um dispositivo conveniente para mostrar números e algumas letras. O ecrã é apresentado à esquerda. A pinagem do ecrã está à direita.

Esta versão é uma versão de ânodo comum. Isto significa que a perna positiva de cada LED está ligada a um ponto comum que, neste caso, é o pino 3. Cada LED tem uma perna negativa que está ligada a um dos pinos do dispositivo. Para que funcione, é necessário ligar o pino 3 a 5 volts. Em seguida, para que cada segmento se acenda, ligue o pino de terra desse LED à terra. É necessária uma resistência para limitar a corrente. Em vez de utilizar uma resistência de cada LED à terra, pode utilizar apenas uma resistência de Vcc ao pino 3 para limitar a corrente. A tabela seguinte mostra como formar os números de 0 a 9 e as letras A, b, C, d, E e F.

"0" significa que o pino está ligado à terra. '1' significa que o pino está ligado a Vcc.

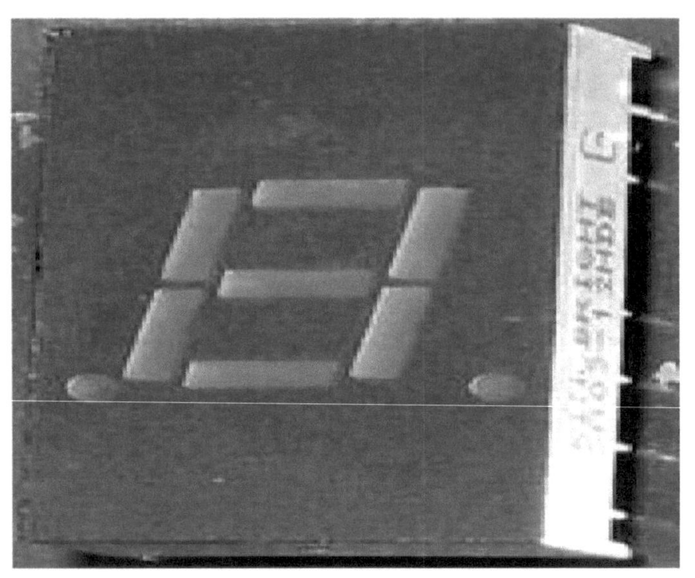

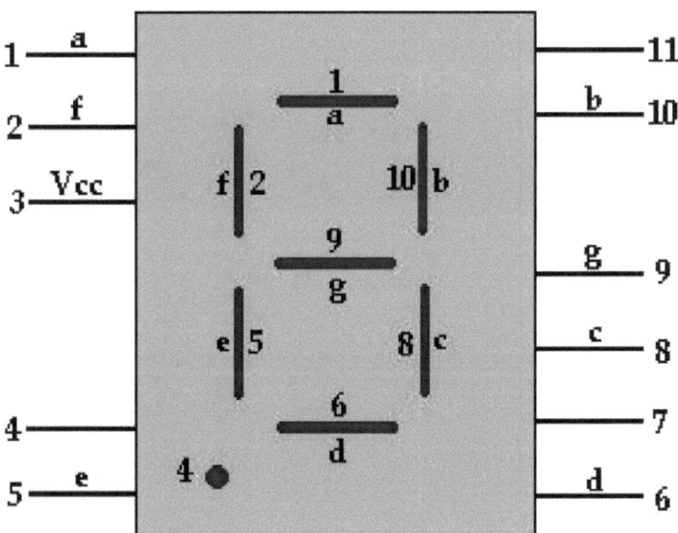

	a (Pino 1)	b (Pino 10)	c (Pino 8)	d (Pino 6)	e (Pino 5)	f (Pino 2)	g (Pino 9)
0	0	0	0	0	0	0	1
1	1	0	0	1	1	1	1
2	0	0	1	0	0	1	0

3	0	0	0	0	1	1	0
4	1	0	0	1	1	0	0
5	0	1	0	0	1	0	0
6	0	1	0	0	0	0	0
7	0	0	0	1	1	1	1
8	0	0	0	0	0	0	0
9	0	0	0	1	1	0	0
A	0	0	0	1	0	0	0
b	1	1	0	0	0	0	0
C	0	1	1	0	0	0	1
d	1	0	0	0	0	1	0
E	0	1	1	0	0	0	0
F	0	1	1	1	0	0	0

Agora, queremos fazer funcionar o ecrã com o microcontrolador 8051. Utilizaremos a Porta 1 para executar o ecrã. Utilize a mesma configuração que no primeiro tutorial do 8051. Ligue o 8051 ao ecrã de 7 segmentos da seguinte forma.

8051 pino 12 para visualizar o pino 9 (P1.0 controlará o segmento g) 8051 pino 13 para visualizar o pino 2 (P1.1 controlará o segmento f) 8051 pino 14 para visualizar o pino 5 (P1.2 controlará o segmento e) 8051 pino 15 para visualizar o pino 6 (P1.3 controlará o segmento d) 8051 pino 16 para visualizar o pino 8 (P1.4 controlará o segmento c) 8051 pino 17 para visualizar o pino 10 (P1.5 controlará o segmento b) 8051 pino 18 para visualizar o pino 1 (P1.6 controlará o segmento a)

RELÉS

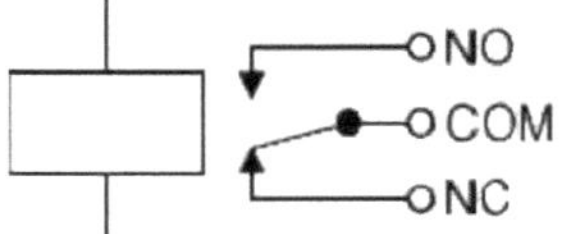

Símbolo do circuito de um relé

Relés

Um relé é um interrutor elétrico. A corrente que flui através da bobina do relé cria um campo magnético, que atrai uma alavanca e muda os contactos do interrutor. A corrente da bobina pode ser ligada ou desligada, pelo que os relés têm duas posições de comutação e são interruptores de dupla ação (comutação).

Os relés permitem que um circuito ligue um segundo circuito que pode ser completamente separado do primeiro. Por exemplo, um circuito de bateria de baixa tensão pode usar um relé para ligar um circuito de rede de 230V AC. Não existe qualquer ligação eléctrica no interior do relé entre os dois circuitos, a ligação é magnética e mecânica.

A bobina de um relé passa uma corrente relativamente grande, tipicamente 30mA para um relé de 12V, mas pode chegar a 100mA para relés projetados **para operar com tensões mais baixas. A maioria dos CIs (chips) não pode fornecer essa corrente e um** transistor **é geralmente usado para amplificar a pequena corrente do CI para o valor maior necessário para a bobina do relé. A** corrente **máxima de saída** para o popular 555 timer IC é de 200mA, portanto, esses dispositivos podem fornecer bobinas de relé diretamente sem amplificação.

Os relés são normalmente SPDT ou DPDT, mas podem ter muitos mais conjuntos de contactos de comutação, por exemplo, relés com 4 conjuntos de contactos de comutação estão prontamente disponíveis. Para mais informações sobre contactos de comutação e os termos utilizados para os descrever, consulte a página sobre comutadores.

A maioria dos relés é concebida para montagem em PCB, mas pode soldar os fios diretamente aos pinos, desde que tenha o cuidado de evitar derreter a caixa de plástico do relé.

O catálogo do fornecedor deve mostrar-lhe as ligações do relé. A bobina será óbvia e pode ser ligada em qualquer direção. As bobinas do relé produzem breves "picos" de alta tensão quando são desligadas e isso pode destruir transístores e ICs no circuito. Para evitar danos, é necessário ligar um díodo de proteção à bobina do relé.

A imagem animada mostra um relé em funcionamento com a sua bobina e contactos de comutação. Pode ver uma alavanca à esquerda a ser atraída pelo magnetismo quando a bobina é ligada. Esta alavanca move os contactos do interruptor. Existe um conjunto de contactos (SPDT) em primeiro plano e outro por trás, o que faz com que o relé seja DPDT.

As ligações dos interruptores do relé são normalmente identificadas como COM, NC e NO:

- COM = Comum, liga-se sempre a este ponto, pois é a parte móvel do interrutor.
- NC = Normalmente Fechado, COM é ligado a este ponto quando a bobina do relé está desligada.
- NO = Normalmente Aberto, COM é ligado a este ponto quando a bobina do relé está ligada.
- Ligar a COM e NO se pretender que o circuito comutado esteja ligado quando a bobina do relé estiver ligada.
- Ligar a COM e NC se pretender que o circuito comutado esteja ligado quando a bobina do relé está desligada.

ESCOLHER UM RELÉ

É necessário ter em conta várias características ao escolher um relé:

1. **Tamanho físico e disposição dos pinos**

Se estiver a escolher um relé para uma placa de circuito impresso existente, terá de se certificar de que as suas dimensões e disposição dos pinos são adequadas. Esta informação pode ser encontrada no catálogo do fornecedor.

2. **Tensão da bobina**

A tensão nominal e a resistência da bobina do relé devem ser adequadas ao circuito que alimenta a bobina do relé. Muitos relés têm uma bobina classificada para uma alimentação de 12V, mas relés de 5V e 24V também estão prontamente disponíveis. Alguns relés funcionam perfeitamente bem com uma tensão de alimentação que é um pouco menor do que o seu valor nominal.

3. **Resistência da bobina**

O circuito deve ser capaz de fornecer a corrente necessária para a bobina do relé. Pode utilizar a **lei de Ohm** para calcular a corrente:

Tensão de alimentação

Corrente da bobina do relé =

Resistência da bobina

Por exemplo: Um relé de alimentação de 12V com uma resistência de bobina de 400...; passa uma corrente de 30mA. Isto é aceitável para um circuito integrado com temporizador 555 (corrente máxima de saída 200mA), mas é demasiado para a maioria dos circuitos integrados, que necessitarão de um transístor para amplificar a corrente.

4. **Classificação dos interruptores (tensão e corrente)**

Os contactos de comutação do relé devem ser adequados ao circuito que vão controlar. É necessário verificar a tensão e a corrente nominal. Note que a tensão nominal é normalmente mais elevada para AC, por exemplo: "5A a 24V DC ou 125V AC".

5. **Disposição dos contactos de comutação (SPDT, DPDT, etc.)**

A maioria dos relés são SPDT ou DPDT que são frequentemente descritos como "comutação de pólo único" (SPCO) ou "comutação de pólo duplo" (DPCO).

COMPARAÇÃO ENTRE TRANSÍSTORES E RELÉS

Vantagens dos relés:

- Os relés podem comutar CA e CC, os transístores só podem comutar CC.
- Os relés podem comutar altas tensões, os transístores não.

Os relés são uma melhor escolha para comutar grandes correntes (> 5A).

Os relés podem comutar muitos contactos ao mesmo tempo.

Desvantagens dos relés:

- Os relés são mais volumosos do que os transístores para comutação de pequenas correntes.
- Os relés não podem comutar rapidamente (exceto os relés de palheta), os transístores podem comutar muitas vezes por segundo.
- Os relés consomem mais energia devido à corrente que passa pela sua bobina.

Os relés requerem mais corrente do que muitos chips podem fornecer, pelo que pode ser necessário um transístor de baixa potência para comutar a corrente para a bobina do relé.

OSCILADOR DE CRISTAL

É frequentemente necessário produzir um sinal cuja frequência ou taxa de impulsos seja muito estável e exatamente conhecida. Isto é importante em qualquer aplicação em que qualquer coisa relacionada com o tempo ou a medição exacta seja crucial. É relativamente simples fabricar um oscilador que produza algum tipo de sinal, mas outra coisa é produzir um de frequência e estabilidade relativamente precisas. As estações de rádio AM devem ter uma frequência portadora com uma precisão de 10Hz da sua frequência atribuída, que pode ser de 530 a 1710 kHz. Os sistemas de rádio SSB usados na gama HF (2-30 MHz) devem estar dentro de 50 Hz da frequência do canal para uma qualidade de voz aceitável, e dentro de 10 Hz para melhores resultados. Alguns modos digitais utilizados em comunicações de sinal fraco podem exigir uma estabilidade de frequência inferior a 1 Hz num período de vários minutos. Em alguns casos, a frequência portadora deve ser conhecida em fracções de hertz. Um relógio de quartzo comum deve ter um oscilador com uma precisão superior a algumas partes por milhão. Uma parte por milhão resulta num erro de pouco menos de meio segundo por dia, o que corresponde a cerca de 3 minutos por ano. Isto pode não parecer muito, mas um erro de 10 partes por milhão resultaria num erro de cerca de meia hora por ano. Um relógio como este teria de ser reposto a zero uma vez por mês, e mais frequentemente se for do tipo pontual. Um videogravador programado com um relógio assim tão atrasado poderia perder a gravação de parte de um programa de TV. As comunicações SSB de banda estreita em frequências VHF e UHF continuam a necessitar de uma precisão de frequência de 50 Hz. A 440 MHz, isto é ligeiramente mais do que 0.1 parte por milhão.

Os osciladores L-C comuns que usam indutores e condensadores convencionais podem atingir uma estabilidade de frequência tipicamente de 0,01 a 0,1 por cento, cerca de 100 a 1000 Hz a 1 MHz. Isto é adequado para aplicações de receptores de radiodifusão AM e FM e noutros receptores analógicos de gama baixa que não exijam uma elevada precisão de sintonização. Através de um projeto e seleção de componentes cuidadosos, e com uma construção mecânica robusta, é possível obter uma estabilidade de 0,01 a 0,001%, ou mesmo melhor (,0005%). Os melhores valores empregarão, sem dúvida, componentes de compensação de temperatura e fontes de alimentação reguladas, juntamente com controlo ambiental (boa ventilação e regulação da temperatura ambiente) e uma construção mecânica de "navio de guerra". Isto foi feito em alguns receptores de comunicações utilizados pelos militares e receptores de comunicações HF comerciais construídos na era 1950-1965, antes da utilização generalizada da síntese digital de frequências. Mas estes receptores eram extremamente caros, grandes e pesados. Muitos receptores modernos de AM, FM e ondas curtas de nível de consumidor que empregam síntese de frequência digital controlada por cristais farão tão bem ou melhor do ponto de vista da estabilidade de frequência.

Um oscilador é basicamente um amplificador e uma rede de realimentação selectiva em frequência (Fig. 1). Quando, a uma determinada frequência, o ganho do circuito é igual ou superior à unidade e o desvio de fase total nessa frequência é zero ou um múltiplo de 360 graus, a condição para a oscilação é satisfeita e o circuito produzirá uma forma de onda periódica nessa frequência. Esta é normalmente uma onda sinusoidal ou quadrada, mas podem ser produzidos triângulos, impulsos ou outras formas de onda. De facto, muitas vezes o mesmo circuito produz simultaneamente várias formas de onda diferentes, em pontos diferentes. Também é possível produzir várias frequências, embora isso seja geralmente indesejável.

13. CAPACITOR

Um **condensador** é um componente eletrónico passivo constituído por um par de condutores separados por um dielétrico (isolante). Quando existe uma diferença de potencial (tensão) entre os condutores, está presente um campo elétrico no dielétrico. Este campo armazena energia e produz uma força mecânica entre os condutores. O efeito é maior quando existe uma separação estreita entre grandes áreas de condutores, pelo que os condutores do condensador são frequentemente designados por placas.

Um condensador ideal é caracterizado por um único valor constante, a capacitância, que é medida em farads. Esta é a razão entre a carga eléctrica em cada condutor e a diferença de potencial entre eles. Na prática, o dielétrico entre as placas passa uma pequena quantidade de corrente de fuga. Os condutores e os fios introduzem uma resistência equivalente em série e o dielétrico tem um limite de intensidade de campo elétrico que resulta numa tensão de rutura.

Os condensadores são amplamente utilizados em circuitos electrónicos para bloquear o fluxo de corrente contínua, permitindo a passagem de corrente alternada, para filtrar interferências, para suavizar a saída de fontes de alimentação e para muitos outros fins. São utilizados em circuitos ressonantes em equipamento de radiofrequência para selecionar frequências específicas de um sinal com muitas frequências.

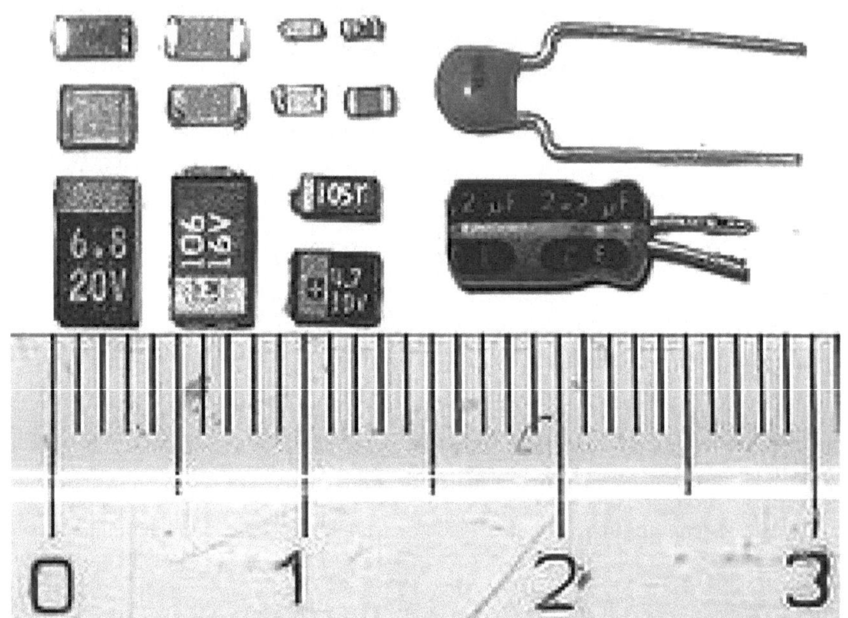

TEORIA DE FUNCIONAMENTO

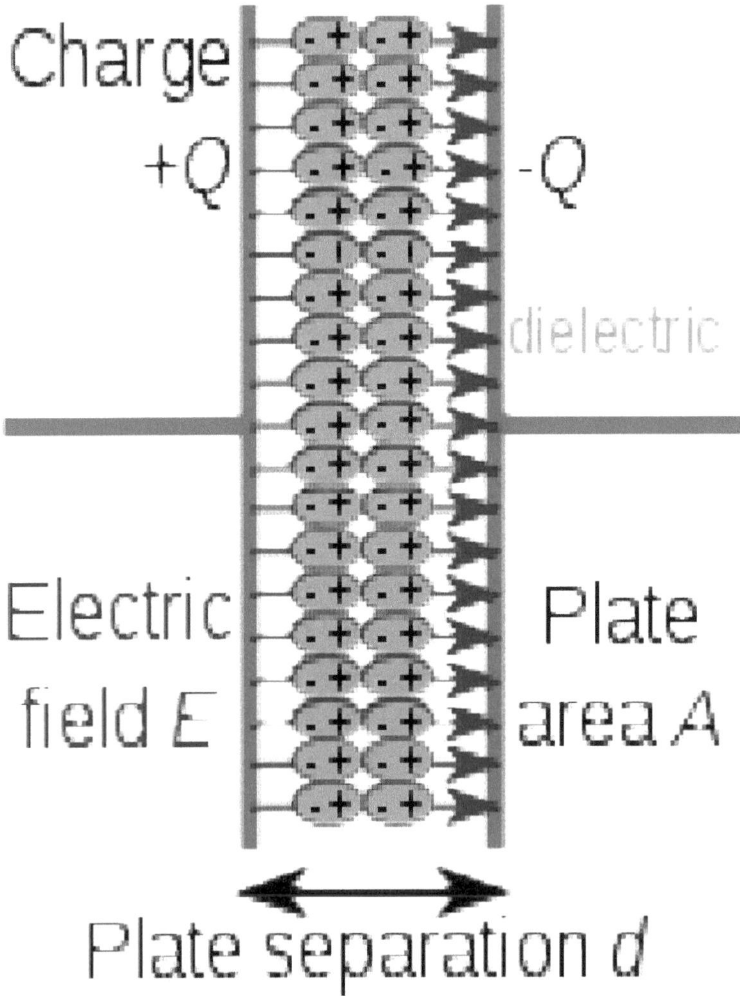

A separação de cargas num condensador de placas paralelas provoca um campo elétrico interno. Um dielétrico (laranja) reduz o campo e aumenta a capacitância.

Uma demonstração simples de um condensador de placa paralela

A substância não condutora é designada por meio dielétrico, embora também possa significar um vácuo ou uma região de depleção de semicondutores quimicamente idêntica aos condutores. Assume-se que um condensador é autónomo e isolado, sem carga eléctrica líquida e sem influência de um campo elétrico externo. Os condutores contêm, portanto, cargas iguais e opostas nas suas superfícies opostas, e o dielétrico contém um campo elétrico. O condensador é um modelo razoavelmente geral para campos eléctricos em circuitos eléctricos.

Um condensador ideal é totalmente caracterizado por uma capacitância constante C, definida como a razão entre a carga $\pm Q$ em cada condutor e a tensão V entre eles

$$C = \frac{Q}{V}$$

Por vezes, a acumulação de carga afecta a mecânica do condensador, fazendo variar a capacitância. Neste caso, a capacitância é definida em termos de alterações incrementais:

$$C = \frac{\mathrm{d}q}{\mathrm{d}v}$$

Em unidades SI, uma capacitância de um farad significa que um coulomb de carga em cada condutor provoca uma tensão de um volt através do dispositivo.

ARMAZENAMENTO DE ENERGIA

Para que a carga se desloque entre os condutores de um condensador, é necessário que uma influência externa realize trabalho. Quando a influência externa é removida, a separação de cargas persiste e a energia é armazenada no campo elétrico. Se a carga voltar mais tarde à sua posição de equilíbrio, a energia é libertada.

O trabalho realizado para estabelecer o campo elétrico e, consequentemente, a quantidade de energia armazenada, é dado por:

$$W = \int_{q=0}^{Q} V \mathrm{d}q = \int_{q=0}^{Q} \frac{q}{C} \mathrm{d}q = \frac{1}{2}\frac{Q^2}{C} = \frac{1}{2}CV^2 = \frac{1}{2}VQ.$$

14. RELAÇÃO CORRENTE-TENSÃO

A corrente *i*(*t*) através de um componente de um circuito elétrico é definida como a taxa de variação da carga *q*(*t*) que o atravessa. As cargas físicas não podem passar através da camada dieléctrica de um condensador, mas sim acumular-se em quantidades iguais e opostas nos eléctrodos: à medida que cada eletrão se acumula na placa negativa, um deixa a placa positiva. Assim, a carga acumulada nos eléctrodos é igual ao integral da corrente, para além de ser proporcional à tensão (como já foi referido). Como em qualquer antiderivada, adiciona-se uma constante de integração para representar a tensão inicial *v* (t0). Esta é a forma integral da equação do condensador,

$$v(t) = \frac{q(t)}{C} = \frac{1}{C}\int_{t_0}^{t} i(\tau)\mathrm{d}\tau + v(t_0)$$

Tomando a derivada disto, e multiplicando por *C*, obtém-se a forma derivada,

$$i(t) = \frac{\mathrm{d}q(t)}{\mathrm{d}t} = C\frac{\mathrm{d}v(t)}{\mathrm{d}t}.$$

O duplo do condensador é o indutor, que armazena energia no campo magnético em vez de no campo elétrico. A sua relação corrente-tensão é obtida trocando a corrente e a tensão nas equações do condensador e substituindo *C* pela indutância *L*.

CIRCUITOS DC

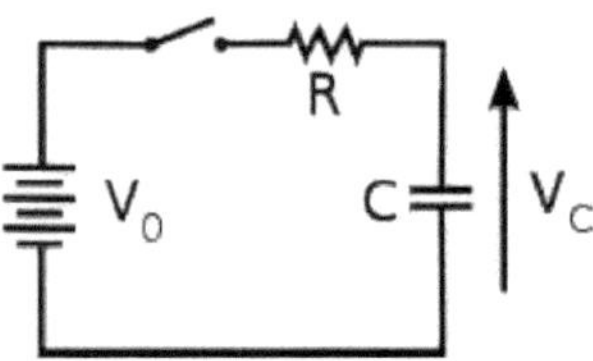

Um circuito simples de resistência-capacitor demonstra o carregamento de um condensador.

Um circuito em série contendo apenas uma resistência, um condensador, um interrutor e uma fonte de tensão contínua constante V0 é conhecido como um circuito de carga. Se o condensador estiver inicialmente descarregado enquanto o interrutor estiver aberto, e se o interrutor estiver fechado em t = 0, segue-se da lei da tensão de Kirchhoff que

$$V_0 = v_{\text{resistor}}(t) + v_{\text{capacitor}}(t) = i(t)R + \frac{1}{C}\int_0^t i(\tau)\mathrm{d}\tau.$$

Tomando a derivada e multiplicando por *C*, obtém-se uma equação diferencial de primeira ordem,

$$RC\frac{\mathrm{d}i(t)}{\mathrm{d}t} + i(t) = 0.$$

Em $t = 0$, a tensão através do condensador é zero e a tensão através da resistência é V_0. A corrente inicial é então $i(0) = V_0/R$. Com esta suposição, a equação diferencial resulta.

$$i(t) = \frac{V_0}{R}e^{-t/\tau_0}$$

$$v(t) = V_0\left(1 - e^{-t/\tau_0}\right),$$

em que τ_0 = RC é a constante de tempo do sistema.

Quando o condensador atinge o equilíbrio com a tensão da fonte, a tensão na resistência e a corrente em todo o circuito decaem exponencialmente. O caso da *descarga de* um condensador carregado demonstra igualmente um decaimento exponencial, mas com a tensão inicial do condensador a substituir $V0$ e a tensão final a ser zero.

RESISTÊNCIA

As resistências são utilizadas para limitar o valor da corrente num circuito. As resistências oferecem oposição ao fluxo de corrente.

São expressas em ohms, cujo símbolo é "Ω". As resistências são classificadas em termos gerais como

(1) Resistências fixas

(2) Resistências variáveis

Resistências fixas: O mais comum dos resistores fixos de baixa potência é o resistor de composição de carbono moldado. O material resistivo é de composição de argila de carbono. Os cabos são feitos de cobre estanhado. As resistências deste tipo estão prontamente disponíveis em valores que variam de poucos ohms a cerca de 20MΩ, com uma tolerância de 5 a 20%. São bastante baratas.

O tamanho relativo de todas as resistências fixas muda com a potência nominal, Outra variedade de resistências de composição de carbono é o tipo metalizado. É feita através da deposição de uma película homogénea de carbono puro sobre um núcleo de vidro, cerâmica ou outro isolante. Este tipo de resistência de película é por vezes designado por tipo de precisão, uma vez que pode ser obtido com uma exatidão de ±1%.

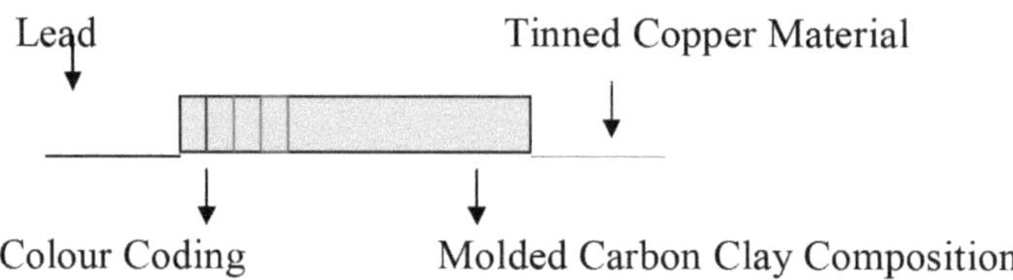

Fixed Resistor

Uma resistência de fio enrolado

Utiliza um comprimento de fio de resistência, como o nicrómio. Este fio é enrolado num núcleo redondo e oco de porcelana. As extremidades do enrolamento são ligadas a estas peças metálicas inseridas no núcleo. Os fios de cobre estanhado são ligados a estas peças metálicas. Este conjunto é revestido com um revestimento de esmalte de vidro em pó. Este revestimento é muito suave e confere proteção mecânica ao enrolamento. As resistências enroladas em fio normalmente disponíveis têm valores de resistência que variam entre 1Ω e 100KΩ e uma potência nominal até cerca de 200W.

Codificação da resistência:

Algumas resistências são suficientemente grandes para terem a sua resistência impressa no corpo. No entanto, há algumas resistências que são demasiado pequenas para terem números impressos. Por conseguinte, é utilizado um sistema de código de cores para indicar os seus valores. Para resistências fixas de composição moldada, são impressas quatro faixas de cores numa extremidade do invólucro exterior. As faixas de cores são sempre lidas da esquerda para a direita a partir da extremidade que tem as faixas mais próximas. A primeira e a segunda banda representam o primeiro e o segundo dígitos significativos do valor da resistência. A terceira banda representa o número de zeros que se seguem ao segundo dígito. Se a terceira banda for de ouro ou prata, representa um fator de multiplicação de 0,1 a 0,01. A quarta banda representa a tolerância do fabricante.

TABELA DE CORES DE RESISTÊNCIAS

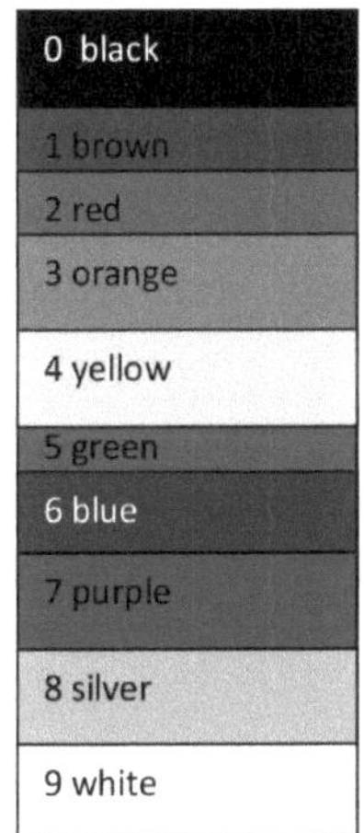

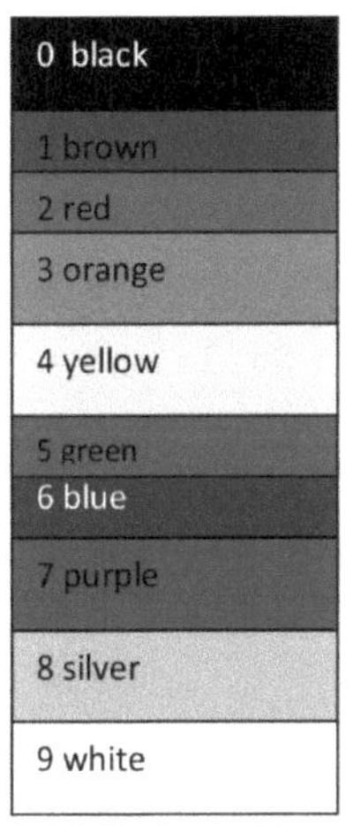

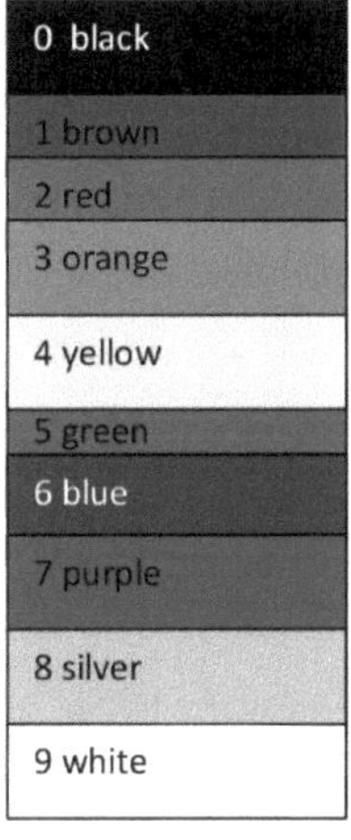

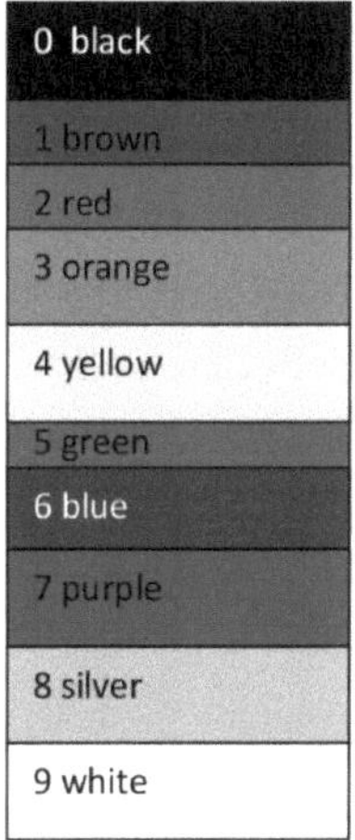

Por exemplo, se uma resistência tiver uma sequência de bandas de cores: amarelo, violeta, laranja e dourado

Então o seu alcance será-

Amarelo=4, violeta=7, laranja=10^3 ,dourado=±5% =47KΩ ±5% =2,35KΩ

A maioria das resistências tem 4 bandas:

- A primeira banda indica o primeiro dígito.
- A segunda banda indica o segundo dígito.
- A terceira banda indica o número de zeros.
- A quarta banda é utilizada para indicar a tolerância (precisão) da resistência.

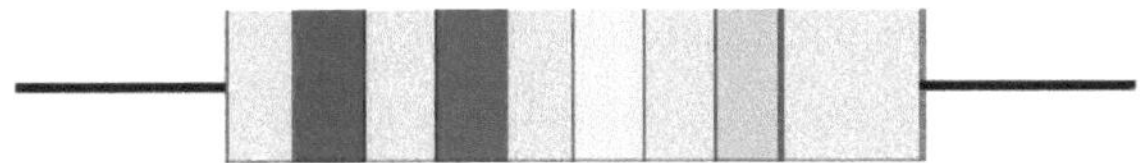

Esta resistência tem faixas vermelha (2), violeta (7), amarela (4 zeros) e dourada. Portanto, o seu valor é 270000 = : = 270 k/. :.

O código de cores padrão não pode indicar valores inferiores a 10=.:-. Para mostrar estes pequenos valores, utilizam-se duas cores especiais para a terceira banda: o dourado, que significa × 0,1, e o prateado, que significa × 0,01. A primeira e a segunda bandas representam os algarismos normalmente.

Por exemplo:

As faixas vermelha, violeta e dourada representam 27 × 0,1 = 2,7 .·,=.· as faixas azul, verde e prateada representam 56 × 0,01 = 0,56 =.:- A quarta faixa do código de cores mostra a tolerância de um resistor. A tolerância é a precisão da resistência e é dada como uma percentagem. Por exemplo, uma resistência 390..:- com uma tolerância de ±10% terá um valor dentro de 10% de 390..:-, entre 390 - 39 = 351 Lj e 390 + 39 = 429-.2 (39 é 10% de 390).

É utilizado um código de cores especial para a tolerância da quarta banda: prata ±10%, ouro ±5%, vermelho ±2%, castanho ±1%.

Se não for apresentada uma quarta banda, a tolerância é de ±20%.

RESISTÊNCIA VARIÁVEL

Nos circuitos electrónicos, torna-se por vezes necessário ajustar os valores das correntes e das tensões. Por exemplo, é frequente querer-se alterar o volume do som, o brilho da imagem de um televisor, etc. Estes ajustes podem ser efectuados utilizando resistências variáveis.

Embora as resistências variáveis sejam normalmente designadas por reóstatos noutras aplicações, as resistências variáveis mais pequenas normalmente utilizadas em circuitos electrónicos são designadas por potenciómetros.

ABREVIATURA DE RESISTÊNCIA

Os valores das resistências são frequentemente escritos em diagramas de circuitos utilizando um sistema de código que evita a utilização de um ponto decimal porque é fácil não ver o pequeno ponto. Em vez disso, são utilizadas as letras R, K e M em vez do ponto decimal.

Para ler o código: substitua a letra por um ponto decimal e multiplique o valor por 1000 se a letra for K, ou 1000000 se a letra for M. A letra R significa multiplicar por 1.

Por exemplo:

560R significa 560 ...:-

2K7 significa 2,7 k.=.? = 2700 ...:-

39K significa 39 k.- :-

1M0 significa 1,0 M=.: = 1000 k.=.;

POTÊNCIAS NOMINAIS DAS RESISTÊNCIAS

A energia **eléctrica** é convertida em calor quando a corrente passa por uma resistência.

Normalmente, o efeito é insignificante, mas se a resistência for baixa (ou a tensão através da resistência for elevada) pode passar uma grande corrente, fazendo com que a resistência fique visivelmente quente. A resistência deve ser capaz de suportar o efeito de aquecimento e as resistências têm potências nominais para o demonstrar.

As potências nominais das resistências raramente são indicadas nas listas de peças porque, para a maioria dos circuitos, as potências nominais padrão de 0,25W ou 0,5W são adequadas. Nos raros casos em que é necessária uma potência mais elevada, esta deve ser claramente especificada na lista de peças; trata-se de circuitos que utilizam resistências de baixo valor (menos de cerca de 300/. :) ou tensões elevadas (mais de 15V).

A potência, P, desenvolvida numa resistência é dada por:

$P = I^2 \times R$ onde: P = potência desenvolvida na resistência em watts (W) ouI = corrente através da resistência em amperes (A)

R = resistência do resistor em ohms (·.)

$P = V^2 / R$ V = tensão através da resistência em volts (V)

Exemplos:

- Um resistor DE 470Ω com 10V através dele, precisa de uma potência P = V2/R = IO2/47O = 0,21W.

Neste caso, seria adequada uma resistência normal de 0,25 W.

- Uma resistência de 27=. : com 10V à sua volta, necessita de uma potência P = V2/R = 102/27 = 3,7W.

Uma resistência de alta potência com uma potência nominal de 5W seria adequada.

TRANSISTORES

Um transístor é um dispositivo ativo. É constituído por duas junções PN formadas pela colocação de um semicondutor do tipo p ou do tipo n entre um par de tipos opostos.

Existem dois tipos de transístores:

1. transístor n-p-n
2. transístor p-n-p

Collector Base I_B I_C I_E Emitter
npn

Emitter Base I_B I_E I_C Collector
pnp

Um transístor n-p-n é composto por dois semicondutores de tipo n separados por uma secção fina de tipo p. No entanto, um semicondutor do tipo p-n-p é formado por duas secções p separadas por uma secção fina de tipo n.

O transístor tem duas junções pn: uma junção é polarizada para a frente e a outra é polarizada para trás. A junção de polarização direta tem um percurso de baixa resistência, enquanto a junção de polarização inversa tem um percurso de alta resistência.

O sinal fraco é introduzido no circuito de baixa resistência e a saída é retirada do circuito de alta resistência. Por conseguinte, um transístor transfere um sinal de uma resistência baixa para uma resistência alta.

O transístor tem três secções de semicondutores dopados. A secção de um lado é o emissor e a secção do lado oposto é o coletor. A secção central é a base.

Emissor: A secção de um lado que fornece portadores de carga é chamada emissor. O emissor é sempre polarizado para a frente em relação à base.

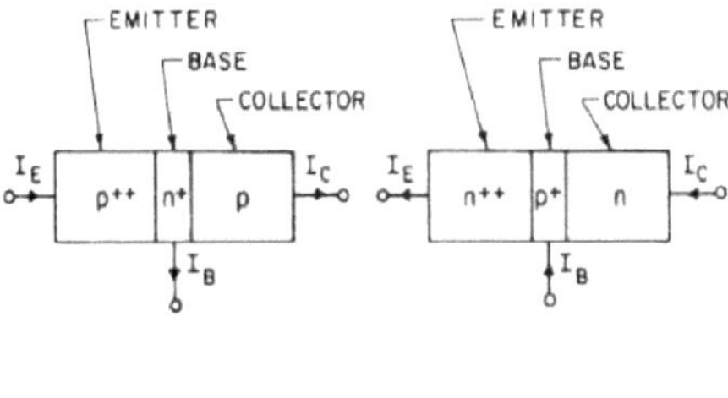

Coletor: A secção do outro lado que recolhe a carga é designada por coletor. O coletor está sempre polarizado de forma inversa.

Base: A secção intermédia que forma duas junções pn entre o emissor e o coletor é designada por base.

Um transístor aumenta a intensidade de um sinal fraco, actuando assim como um amplificador. O sinal fraco é aplicado entre a junção emissor-base e a saída é obtida através da carga Rc ligada no circuito de coletor. A corrente do coletor que flui através de uma resistência de carga elevada Rc produz uma grande tensão através dela. Assim, um sinal fraco aplicado na entrada aparece sob a forma amplificada no circuito coletor.

15. CONECTORES

Os conectores são basicamente utilizados para fazer a interface entre dois. Neste caso, utilizamos conectores para fazer a interface entre a placa de circuito impresso e o kit de microprocessador 8051.

Existem dois tipos de conectores: macho e fêmea. Um, que tem pinos no interior, é fêmea e o outro é macho.

Estes conectores são acompanhados de fios de bus para ligação.

Para o funcionamento em alta frequência, a circunferência média de um cabo coaxial deve ser limitada a cerca de um comprimento de onda, a fim de reduzir a propagação multimodal e eliminar os coeficientes de reflexão erráticos, as perdas de potência e a distorção do sinal. A normalização dos conectores coaxiais durante a Segunda Guerra Mundial foi obrigatória para o funcionamento das micro-ondas, de modo a manter um baixo coeficiente de reflexão ou um baixo rácio de onda estacionária de tensão.

Os sete tipos de conectores coaxiais para micro-ondas são os seguintes

1.APC-3.5

2.APC-7

3.BNC

4.SMA

5.SMC

6.TNC

7.Tipo N

DIODO

COMPONENTE ACTIVO

Os componentes activos são aqueles que não são utilizados por nenhum outro componente para o seu funcionamento. Eu usei neste projeto apenas a função díodo, a descrição destes componentes está descrita abaixo.

DÍODO SEMICONDUTOR

Um díodo de cristal tem dois terminais quando está ligado a um circuito, uma coisa é decidir se um díodo é polarizado para a frente ou para trás. Existe uma regra simples para o determinar. Se o CKT externo estiver a tentar empurrar a corrente convencional na direção do erro, o díodo é polarizado para a frente. Por outro lado, se a corrente convencional estiver a tentar fluir no sentido oposto ao da cabeça de erro, o díodo está polarizado de forma inversa, por palavras simples.

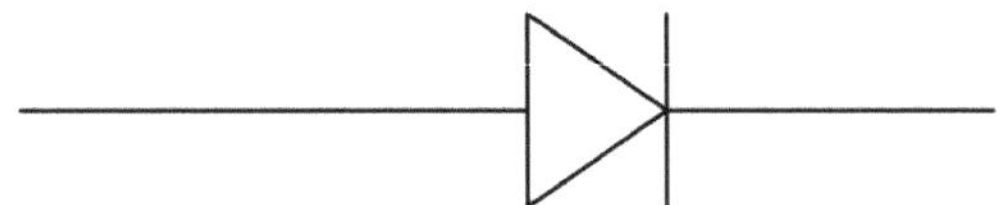

1 . Se a ponta da seta do símbolo do díodo for positiva na barra W.R.T. do símbolo, o díodo está polarizado para a frente.

2 A ponta da seta do símbolo do díodo é a barra W.R.T. negativa, o díodo é a polarização inversa.

Quando utilizamos um díodo de cristal, é muitas vezes necessário saber qual é a extremidade da ponta da seta e qual é a extremidade da barra. Assim, estão disponíveis os seguintes métodos.

1. Alguns fabricantes apontam o símbolo no corpo do díodo, por exemplo, By127 by 11 4 crystal diode manufacture by b e b.

2. Por vezes, existem marcas vermelhas e azuis no corpo do díodo de cristal. A marca vermelha não indica a seta onde a marca azul indica a barra, por exemplo, o díodo de cristal oa80.

DIODO ZENER

Já foi discutido que quando a polarização inversa num díodo de cristal é aumentada uma tensão crítica, chamada tensão de rutura. A tensão de rutura ou tensão zener depende da quantidade de dopagem. Se o díodo estiver fortemente dopado, a tensão de depleção

A camada de dopagem será fina e, consequentemente, a rutura da junção ocorrerá com uma tensão inversa mais baixa. Por outro lado, um díodo ligeiramente dopado tem uma tensão de rutura mais elevada, sendo designado por díodo zener

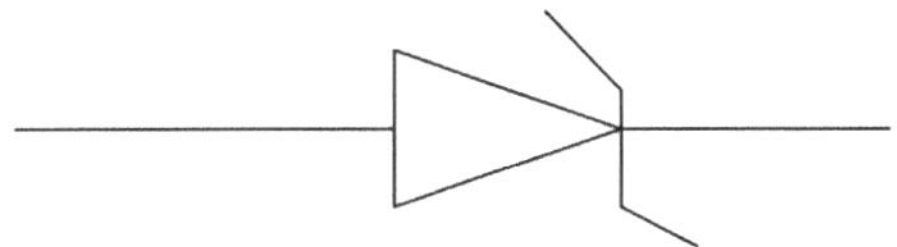

Um díodo de cristal devidamente dopado, que tem uma tensão de rutura acentuada, é conhecido como díodo zenor.

LED (DÍODO EMISSOR DE LUZ)

Um díodo de junção, como o LED, pode emitir luz ou apresentar eletroluminescência. A eletroluminescência é obtida através da injeção de portadores minoritários na região de uma junção pn onde tem lugar a transição radiativa. Na transição radiativa, há uma transição de electrões da banda de condução para a banda de valência, que é feita possivelmente pela emissão de um fotão. Assim, a luz emitida provém da recombinação do eletrão do buraco. O que é necessário é que os electrões façam uma transição de um nível de energia superior para um nível de energia inferior, libertando um fotão de comprimento de onda correspondente à diferença de energia associada a essa transição. Nos LED, o fornecimento de electrões de alta energia é feito através da polarização do díodo, injectando assim electrões na região n e buracos na região p.

A junção pn do LED é feita de material fortemente dopado. Em condições de polarização direta, os portadores maioritários de ambos os lados da junção atravessam a barreira de potencial e entram no lado oposto, onde passam a ser portadores minoritários e fazem com que a população local de portadores minoritários seja maior do que o normal. Esta situação é designada por injeção de portadores minoritários. Estes portadores minoritários em excesso difundem-se para fora da junção e recombinam-se com portadores maioritários.

No LED, cada eletrão injetado participa numa recombinação radiativa e, por conseguinte, dá origem a um fotão emitido. Sob polarização inversa, não ocorre qualquer injeção de portadores e, consequentemente, não é emitido qualquer fotão. Para a transição direta da banda de condução para a banda de valência, o comprimento de onda de emissão.

Na prática, nem todos os electrões participam na recombinação radiativa e, por conseguinte, a eficiência do dispositivo pode ser descrita em termos de eficiência quântica, que é definida como a taxa de emissão de fotões dividida pela taxa de fornecimento de electrões. O número de recombinações radiativas que ocorrem é geralmente proporcional à taxa de injeção de portadores e, por conseguinte, à corrente total que circula.

16. MATERIAIS LED

Um dos primeiros materiais utilizados para os LED é o GaAs. Trata-se de um material com um intervalo de banda direta, ou seja, apresenta uma probabilidade muito elevada de transição direta de electrões da banda de condução para a banda de valência. O GaAs tem E= 1,44 eV. Funciona na região dos infravermelhos.

O GaP e o GaAsP são materiais com um intervalo de banda mais elevado. O fosforeto de gálio é um semicondutor de hiato de banda indireto e tem uma eficiência fraca porque as transições de banda para banda não são normalmente observadas.

O fosforeto de arsenieto de gálio é uma liga terciária. Este material tem a particularidade de deixar de ser um material de hiato de banda direto.

Os LED azuis são de origem recente. Os materiais com um largo intervalo de banda, como o GaN, são um dos LEDs mais promissores para a emissão de azul e verde. Os LED de infravermelhos são adequados para aplicações em acopladores ópticos.

VANTAGENS DOS LEDs

1. A baixa tensão de funcionamento, a corrente e o consumo de energia tornam os Leds compatíveis com os circuitos de acionamento eletrónico. Isto também facilita a interface em comparação com as lâmpadas incandescentes de filamento e de descarga eléctrica.

2. As embalagens robustas e seladas desenvolvidas para os LEDs apresentam uma elevada resistência a choques mecânicos e vibrações e permitem que os LEDs sejam utilizados em condições ambientais severas em que outras fontes de luz falhariam.

3. O fabrico de LEDs a partir de materiais de estado sólido garante uma vida útil mais longa, melhorando assim a fiabilidade global e reduzindo os custos de manutenção do equipamento em que são instalados.

4. A gama de cores LED disponíveis - do vermelho ao laranja, amarelo e verde - proporciona ao designer uma versatilidade acrescida.

5. Os LEDs têm baixos níveis de ruído inerente e também uma elevada imunidade ao ruído gerado externamente.

6. A resposta do circuito dos LEDs é rápida e estável, sem correntes de pico ou o período prévio de "aquecimento" exigido pelas fontes de luz de filamento.

7. Os LEDs apresentam linearidade da potência radiante com a corrente de avanço numa vasta gama.

Os LEDs têm algumas limitações, tais como:

1. Dependência da temperatura da potência de saída radiante e do comprimento de onda.

2. Sensibilidade a danos por sobretensão ou sobrecorrente.

3. A eficiência global teórica não é atingida, exceto em condições especiais de arrefecimento ou de pulsação.

17. MOTOR CC

Em qualquer motor elétrico, o funcionamento baseia-se no eletromagnetismo simples. Um condutor que transporta corrente gera um campo magnético; quando este é colocado num campo magnético externo, experimentará uma força proporcional à corrente no condutor e à força do campo magnético externo. Como bem sabe, por ter brincado com ímanes em criança, as polaridades opostas (Norte e Sul) atraem-se, enquanto as polaridades semelhantes (Norte e Norte, Sul e Sul) repelem-se. A configuração interna de um motor de corrente contínua foi concebida para aproveitar a interação magnética entre um condutor de corrente e um campo magnético externo para gerar movimento de rotação.

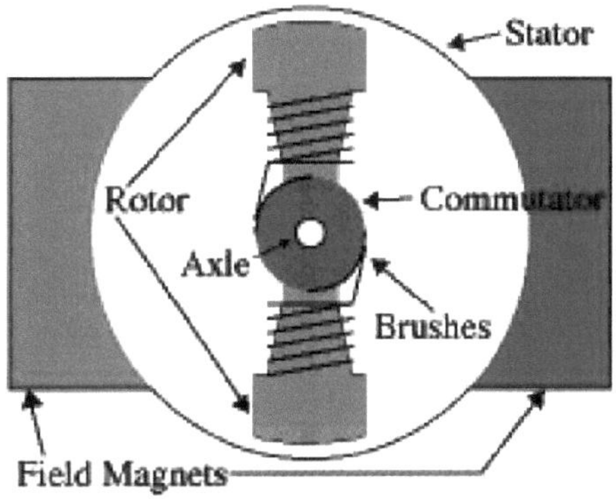

Todos os motores de corrente contínua têm seis partes básicas: eixo, rotor (também conhecido como armadura), estator, comutador, íman(es) de campo e escovas. Nos motores CC mais comuns (e em todos os que os BEAMers verão), o campo magnético externo é produzido por ímanes permanentes de alta resistência[1] . O estator é a parte estacionária do motor - inclui a caixa do motor, bem como duas ou mais peças de pólos de ímanes permanentes. O rotor (juntamente com o eixo e o comutador ligado) roda em relação ao estator. O rotor é constituído por enrolamentos (geralmente num núcleo), sendo os enrolamentos ligados eletricamente ao comutador. O diagrama acima mostra uma disposição comum do motor - com o rotor dentro dos ímanes do estator (campo).

A geometria das escovas, dos contactos do comutador e dos enrolamentos do rotor é tal que, quando a energia é aplicada, as polaridades do enrolamento energizado e do(s) íman(es) do estator estão desalinhadas e o rotor roda até estar quase alinhado com os ímanes do campo do estator. Quando o rotor atinge o alinhamento, as escovas movem-se para os contactos do comutador seguinte e energizam o enrolamento seguinte. No nosso exemplo de motor de dois pólos, a rotação inverte o sentido da corrente através do enrolamento do rotor, levando a uma "inversão" do campo magnético do rotor, levando-o a continuar a rodar.

No entanto, na vida real, os motores CC terão sempre mais de dois pólos (três é um número muito comum). Em particular, isto evita "pontos mortos" no comutador. Pode imaginar como, com o nosso exemplo de motor de dois pólos, se o rotor estiver exatamente no meio da sua rotação (perfeitamente alinhado com os ímanes do campo), ficará "preso" aí. Entretanto, com um motor de dois pólos, há um momento em que o comutador provoca um curto-circuito na fonte de alimentação (ou seja, ambas as escovas tocam simultaneamente em ambos os contactos do comutador). Isto seria mau para a fonte de alimentação, desperdiçaria energia e danificaria também os componentes do motor. Outra desvantagem de um motor tão simples é o facto de apresentar uma elevada quantidade de "ondulação" de binário (a quantidade de binário que pode produzir é cíclica com a posição do rotor).

Printed by Books on Demand GmbH, Norderstedt / Germany